第1辑

中国国标红木丛书

中·国·国·标

红木家具鉴赏

杨文广 编著

CHINA
NATIONAL
STANDARTS
REDWOOD
BOOKS

云南出版集团公司
云南美术出版社

杨文广，男，彝族，1958年4月19日生，云南漾濞县人，云南师范大学经济分析与管理研究生、澳门科技大学MBA研究生，高级职业经理人。1980年～1991年在云南漾濞县委和顺濞乡党委任领导工作。1991年～1993年任云南省林业厅瑞丽云林商号总经理。1993年以后经营民营企业，一直从事珍稀、名贵木材和红木家具的生产、经营、销售及研究。

前言

进入 21 世纪以后，随着人们物质生活水平的提高，奢侈品市场逐步发展和扩大，红木家具市场也进入了一个前所未有的发展时期，无论造型、款式或工艺、选料等诸多方面与几百年前明清家具相比都有了质的飞跃。为推动红木家具市场健康发展，2000 年 5 月 19 日国家颁布了《红木》国家标准。为记载现代红木家具发展的状况和让市场更好、更快地推动《红木》国家标准的贯彻和普及，笔者特编写了这本《中国国标红木家具鉴赏》。

编写《中国国标红木家具鉴赏》时笔者从有代表性的仿古家具入手，到古典家具的发展和改进，最后重点落在现代国标红木家具的现状。笔者从事红木家具生产和销售多年，见证了近二十年来中国红木家具的发展过程，虽没有系统学习过林业、木材方面的知识，但是凭着二十年从事红木家具生产和销售的经验以及对红木家具发展状况的思考，编写了《中国国标红木家具鉴赏》。

近几年蓬勃发展的红木家具市场，可谓是喜忧参半。

喜的是：红木家具新款不断涌现，造型和工艺水平不断提高，消费者及收藏者越来越多，价格不断攀升，中国几百年的红木家具制造业不断发扬光大。忧的是：近些年来，古典明清家具中的红木家具大放异彩，受到越来越多的人的喜爱，但价格直线飙升，成为了继书画、陶瓷之后的第三大收藏品。本来应该是件好事，然而在巨大利益的驱使下，出现了令人痛心的现象：一是大量粗仿品充斥红木家具市场，以新充旧，以劣充好；二是出现了大量的做旧红木家具、假红木家具和掺假红木家具，造成红木家具市场鱼目混珠，真假难辨。红木家具爱好者上当受骗，蒙受了巨大的经济损失。有的出几万元高价买了做旧的只值几百元的柴木家具；有的出真紫檀木的价钱买回了黑酸枝木家具；有的出香枝木的高价买到了俗称“非洲黄花梨”的家具；而花了缅甸花梨木的钱买了“非洲花梨木”或出了条纹乌木的价买了“榄仁木”家具的更是数不胜数。

《中国国标红木家具鉴赏》为广大红木家具收藏者、爱好者，介绍了如何识别红木家具及如何购红木家具的知识。编写时注重指导性和实用性，希望通过书中内容的介绍让读者能初步懂得历史上红木家具的特点和现代红木家具的状况（编者明确告诫广大收藏爱好者，真正的明清家具大多存藏于故宫，一般人只能从书本上看到这些古典家具，很难看到实物）以及现代红木家具的用材种类和用材现状，对广大收藏爱好者具有指导意义。

本书还注意收集和介绍目前市场上人们关注的仿古红木家具和现代红木家具的相关信息，如：工艺、材质、数量等大家普遍关心的问题。

通过本书介绍，收藏爱好者们可对当前国标红木的种类、价格等方面有所了解，以避免在购买过程中上当受骗。虽然红木家具的市场销售在中国各大中城市价格不尽相同，但家具的市场价值很大程度上取决于原材料的价值及工艺水平等方面因素。本书还对本世纪初期红木鼎盛时期制作的红木家具主要款式、风格、工艺、树种、价格等方面进行了整理，让后人能了解到这一时期红木家具发展的状况。

为了更全面地向广大读者介绍红木及红木家具的相关知识，让广大红木家具收藏者及爱好者对红木家具有充分的了解，笔者将目前能收集到的相关信息，就人们关心的问题在书中进行了罗列和概括，以图文并茂的形式，直观地向读者较为全面系统地介绍了古典、仿古、现代红木家具和做旧、亚红木及假红木家具的树种、名称、规格和价格；提供各种红木家具价格参考和各种亚红木、假红木家具价格参考；还收录了重点、适用的红木家具知识和红木家具保养、使用知识。希望红木家具的消费者、爱好者、收藏投资者能从本书中获得收益，在实际操作中获得帮助。全书精选了上百张各类红木家具照片和做旧、亚红木和假红木家具照片，目的是为广大消费者、爱好者、投资者和收藏者进一步了解红木家具知识提供一本一目了然的鉴别书籍。

由于时间仓促、水平有限，书中不足和错漏之处在所难免，恳请广大读者予以批评指导。

Contents
目录

第1章 坐类家具

Contents

Contents

Contents

Contents

第一章 坐类家具

第一节 仿古坐类

中国古代人们习惯席地而坐。早期家具是由席开始的，床也是作为坐类家具来使用。一般认为，汉代以前没有椅、凳等高型的坐类家具，汉代时才开始出现一些较高的坐类家具。古代坐类家具除了席、床和榻外，最常见的就是椅凳类家具。椅是有靠背坐具的总称（除宝座），其式样和大小差别较大。我国古代椅子出现在汉代，它的前身是汉代从北方传入的胡床（又称“马扎”），发展到南北朝时期，已为常见家具。唐代以后，椅子才从胡床的名称中分离出来，称为椅子。隋唐五代时期，椅凳的使用渐渐多起来。宋代椅子的使用更为普遍，造型和结构都很合理，高度开始接近现代的尺寸。到了明代，椅子的形式已很多，如宝座、交椅、圈椅、官帽椅、靠背椅、玫瑰椅等。凳，最早并不是我们今天坐的凳子，它是专指蹬具，相当于脚踏。它成为坐具，也是汉代以后的事。这种坐具发展到两晋南北朝乃至唐代使用得更为普遍。坐具中凳子的等级稍次于椅子。明清时期凳的形式很多，有大方凳、小方凳、长条凳、长方凳、圆凳、五方凳、六方凳、梅花凳、海棠凳等，还有各式各样的绣墩。

○ 宝座

古代凡专供皇帝使用的坐具都称为宝座，也叫宝椅，形式多种多样。有些宝座的造型、结构和罗汉床相比并没有多大的区别，只是有规格尺寸大小之别。有人说宝座是从床演化来的，也确实有一定的道理，古代的坐具与卧具本身就有不少是通用的。古代宝座大多是用名贵红木制成，也有用普通白木制作，多陈设在宫殿的正殿明间，为皇帝和后妃们所专用。有时也放在配殿或客厅，但都放在中心或显著位置。古代这类大椅很少成对，都是单独陈设，更没有现代的多件式宝座沙发。明清家具中的宝座款式较为美观，坐着的感觉较为合体舒适，是古典坐类家具中较典型的家具之一。在明清，宝座主要是达官贵人用于主庭、主位之坐具，使用并不普遍，也不多。相反，现代仿古家具宝座较多，多制作为多件、套件沙发。有三件套、六件套、八件套和十件套等，主要作为客厅沙发。现代制作宝座沙发的红木种类也比较多，常使用香枝木、紫檀木、红酸枝木等。古代的宝座雕刻纹饰多样，但规格尺寸差距不大，宝座多施以云龙、洋花和莲花等繁复的雕刻纹样，有些雕工极其繁琐、富丽华贵。传世的明代宝座不是一般家庭用具，只有宫廷、府邸和寺院中才有。现在我们只有在书画中才能看到明代的宝座，实物极少。当代尚存的古代宝座实物主要为清代制作。民国时期的宝座形式不多，数量也少。而当代已把古典宝座发展为组合式沙发，而且款式多种多样。

仿古宝座由于雕刻耗工耗时，人工费较高，大多数只采用国标红木，极少用普通白木制作，很少有亚红木和假红木。宝座上大多雕刻云龙纹，单个宝座一般加一个脚踏，现在多采用国标红木中的极品：香枝木、紫檀木或红酸枝木三类红木制作。

- 名称：仿古红酸枝木云龙纹宝座
- 规格：112cm × 85cm × 103cm
- 最新市场参考价：30000 ~ 35000 元 / 个

1.1. 椅子的起源

椅子的起源有很多争议。多数学者认为：椅子的名称是唐代才有的，而椅子的形象则要追溯到汉魏时北方传入的胡床。敦煌第285窟就有两个人分坐在椅子上的图像，第257窟中有坐方凳和交叉腿坐长凳的妇女，龙门莲花洞中有坐圆凳的妇女。这些壁绘生动地描绘了南北朝时期椅凳在仕宦贵族家庭中的使用情况。坐具在唐代就有很多，那时的坐具已具备了椅凳的形态，但还没有椅或凳这样的称谓，习惯称它为“胡床”或“马扎”，在寺庙内则称为“禅床”。唐代以后，这种椅子逐渐增多，才从床的品类中分离出来而直接被称为椅子。

1.2. 红木的定义和红木家具的来历

红木不是泛指带有红色的木材，也不是指某一种木材，而是2000年5月19日国家颁布的《红木》国家标准规定的二科五属八类三十三种木材。红木就是当前国内红木（高档）家具用材的约定俗成的统称。

红木家具主要起源明代，清代有较大发展。历史上郑和七下西洋，带去了大量的中国瓷器和丝绸，换回了大量的香枝木、紫檀木、红酸枝木、花梨木等高档硬木。这些木材珍贵、稀有，不可多得，明清几代皇帝都极为喜欢，从全国精选了顶尖雕刻大师及木工大师进京，由知名的文人、艺术家参与设计，把这些木材制作成家具，生产出了很多空前绝后的高档红木家具。可以说：红木家具并非红色木材制作的家具，而是国标三十三种红木与高级工艺及精美雕刻的结合体。

在三十三种红木树种中，有黄色、黑色、红色三大类。黄色主要有香枝木、花梨木；黑色主要有乌木、条纹乌木、鸡翅木；红色主要有紫檀木、黑酸枝木、红酸枝木等。

明、清家具也不等于红木家具。明、清家具中红木家具树种主要有香枝木、紫檀木、鸡翅木、红酸枝木、花梨木、乌木等，但明、清家具中也有白木家具。明、清家具中的白木家具主要树种为铁力木、榉木、楠木和核桃木等，后期还出现了柚木。

红木家具之称最早来自明代的长江三角地区，这一地区是红木家具的主产地，尤

· 名称：仿古红酸枝木龙纹宝座
· 规格：91cm × 63cm × 82cm
· 最新市场参考价：20000 ~ 25000 元 / 个

· 名称：仿古紫檀木镶香枝木山水宝座
· 规格：88cm×64cm×83cm
· 最新市场参考价：90000 ~ 100000 元 / 个

其是红色的红酸枝木制作最多，故这一地区习惯笼统称这一带生产的高档硬木家具为红木家具。直到今天，用交趾黄檀、巴里黄檀制作的家具这一地区还习惯称为“老红木家具”，用缅甸奥氏黄檀（业内称白酸枝）制作的家具则称为“新红木家具”。

1.3. 怎样识别红木家具的真假

现在市场上出售的红木家具较为混乱，非红木和亚红木特别多，较难辨别。木质相差较大的容易辨别一些，木质非常接近的就很难辨别。如卢氏黑黄檀与紫檀木的色、纹、气干密度都十分接近，市场上用卢氏黑黄檀充当紫檀木的相当多，称做“大叶紫檀”。要鉴别这两种木头，不通过木材检测部门切片分析是难以鉴别出真假的。识别这两种家具，新家具容易一点儿，老家具识别就很难。

识别古典红木家具的真伪，要掌握几点：一是看包浆是否自然。二是看家具的脚腿是否有褪色和受潮水浸的痕迹。三是看家具的底板和抽屉板。老的桌子、橱柜，底板和抽屉板会有人为仿不像的旧气味、旧材料色。如果看到榫眼边角是圆的，就证明是机器加工的，肯定是新仿品。四是看木纹，新仿的木纹、颜色总会有不协调、不自然的感觉。五是看翻修痕迹。六是看铜活件，磨损几十年、上百年的铜活件与新的一看就能分辨出来。市场上主要有两种仿古家具，一种是“高仿”，另一种是“做旧”。“高仿”既仿器物的年代，也仿器物的神韵。有些家具仿出味道，有较高的艺术性，也就是说形似神也似，这类家具有一定的收藏价值。“做旧”就简单了，只要眼睛看上去“旧”就行。如果看上去既烂又旧，木质不好，工艺粗糙，这类旧家具就没有价值，再便宜也不要收藏。

识别新红木家具的真伪，要掌握几

· 名称：仿古红酸枝木盛世荷花宝座
· 规格：98cm×68cm×106cm
· 最新市场参考价：18000 ~ 20000 元 / 个

点：一是看稳定性。香枝木、紫檀木、红酸枝木、黑酸枝木、白酸枝木、花梨木稳定性较好不易变形，不易开裂。条纹乌木、乌木、鸡翅木在稳定性方面稍差一些，容易变形和开裂。二是看颜色。紫檀木家具红、黑、褐相互渗透，褐不盖红，红里透黑亦见褐，感觉就是三种色都有。香枝木的黄、褐、红三色相互渗透。白酸枝木、花梨木的颜色相近，黄白红三色交融，不同的是花梨木有交织纹。红酸枝木和黑酸枝木是红黑色里有褐纹和黑纹。条纹乌木、鸡翅木均为褐黑底色上有黄纹或黄白纹。三是看重量。红木的气干密度都在1g/cm^{3}左右，分量较重。香枝木、紫檀木、红酸枝木、黑酸枝木气干密度都在0.8g/cm^{3}以上。因此，只要看一看、掂一掂就有感觉了。其他的木头，除黄鸡翅木稍轻外，分量也都重，非红木和亚红木一般都没有红木重。四是看油漆。假红木做的家具为新木材，为了盖住木纹，油漆颜色往往做得较深、较黑。好木头的家具，一般木纹清晰，显本色，所以从颜色上也可鉴别。五是看木头的拼接和底面。作假家具有两类，一类是纯假木头，一种是拼接半假。假木头难辨别，半假木头很好辨别。所谓半假，就是面子是真木材，阴角、背面、底面是假木材，作假手段往往采用拼合式作假。主要看有没有拼接，上下木纹是否一致，如果家具面板上没有拼接，面底木纹不一致，说明木材有可能一半真一半假。看底板就是看抽屉底板，主要看色均不均匀，木质是不是一致。另外还可以听老板的介绍和观察表情。可以多问问老板家具来源和木材产地来分析。如果是真木头，一是老板不会轻易让价，二是老板口气大，言语坚定，表情自然，家具和木材来源讲得清楚。如果是假木头，一是价格松动大，二是从老板面部表情上和表达上也能看出一点儿蛛丝马迹。

· 名称：仿古鸡翅木花果图宝座
· 规格：129cm × 78cm × 99cm
· 最新市场参考价：8000 ~ 11000 元 / 个

· 名称：仿古红酸枝木九龙纹宝座七件套
· 最新市场参考价：90000 ~ 110000 元 / 套

○ 宝座沙发

当代仿古宝座沙发主要特点就是大型化，符合现代家庭客厅家具追求的实用性和装饰性。仿古宝座沙发为组合成套式沙发，而且款式较多。常见有三件套、六件套和十件套。但其总体造型、款式、工艺、规格、风格都是在原单个宝座形状基础上放大、加长、加高、增加件数而制成。如十件套，就是由四个单椅、一个三人椅、一个大茶几、两个花几和两个小茶几组成。大沙发的款式、风格及纹饰同单宝座椅一样，只是加长了而已。当代仿古宝座沙发主要用国标红木中价格较低的花梨木和鸡翅木制作。

· 名称：仿古紫檀木云龙宝座三件套
· 最新市场参考价：180000–230000/ 套

1.4. 明清家具的木质鉴定

鉴定红木家具，首先要鉴定树种木质。树种木质是一件家具价值高低的关键。款式和工艺如何好，做工如何精细，只要木头是普通木材类，其价值就大打折扣了。如清初的香枝木雕云龙纹四件柜一对，价值几千万元，同时期同款式同工艺的榉木、榆木，价格不过几万元到十几万元。从价格上不难看出一个在天上一个在地下，差别较大，根本无法类比。

• 名称：仿古红酸枝木云龙纹宝座三件套
• 最新市场参考价：70000 ~ 80000 元 / 套

明清家具中的红木家具，用材为香枝木、紫檀木、红酸枝木、乌木、花梨木、鸡翅木等。绝大多数宫廷明清红木家具，主要是香枝木和紫檀木。这两种木材在清代中期以后日渐匮乏，成了极珍稀的树种。所以，凡是用这两种木材制成而又看不出改制拼装痕迹的红木家具，大都是传世已久的明清红木家具原件。现存的流传民间的传世红木家具中，大多数是红酸枝木、乌木、花梨木、鸡翅木制作。用这几种木材制作家具是在香枝木、紫檀木日益难觅的情况下才被大量使用的，用这些木材制作的仿古红木家具，多为清中期至清晚期和民国时期的产品。当前市场上也有用红酸枝木、花梨木制作的明式家具，因其材料的采伐年代和家具形成的年代不相吻合，故大多都是近代仿制品。榉木家具，因明清到晚清都有制作，且沿袭了明代手法，故不能以材质来判断年代。

近几年流入中西部地区的仿明清红木家具，绝大多数都是非洲亚红木或非红木制作的家具。这些家具无论制作如何逼真，工艺如何精湛，因木质与红木相差甚远，其价值也极低，根本不能称之为红木家具。亚红木、非红木和冒充红木家具分类情况是：香枝木家具用东南亚白酸枝、花梨木或红皮铁树（俗称“非黄”或“非洲黄花梨”）冒充。紫檀木家具用卢氏黑黄檀、黑酸枝木、深黑红酸枝木冒充。条纹乌木家具用褐榄仁、阿诺古夷苏木冒充。花梨木家具用非洲的红花梨、高棉花梨冒充。鸡翅木基本用密度达不到《红木》国家标准的黄鸡翅替代。这些亚红木、非红木、原木直径较大，如非洲红花梨，直径一般在1～1.5米，制作的家具大多可做到整体一块板，色也均匀，给人一种木质好的错觉，所以不少人出真红木的高价买了非红木或亚红木家具。现在除上海、北京的正规红木家具市场外，其他市场，特别是西部不成熟不规范的家具市场极其混乱，或多或少都有销售全假、半假红木家具或亚红木家具。所以说，购买红木家具要慎之又慎。

• 名称：仿古红酸枝木云龙纹宝座三件套
• 最新市场参考价：70000 ～ 80000 元 / 套

1.5. 《红木》国家标准（节选）

二科	豆科、柿树科
五属	紫檀属、黄檀属、柿属、崖豆属、铁刀木属
八类	紫檀木、花梨木、香枝木、黑酸枝木、红酸枝木、乌木、条纹乌木、鸡翅木
三十三种	降香黄檀、檀香紫檀、刀状黑黄檀、阔叶黄檀、黑黄檀、卢氏黑黄檀、东非黑黄檀、巴西黑黄檀、亚马孙黑黄檀、伯利兹黑黄檀、交趾黄檀、巴里黄檀、奥氏黄檀、微凹黄檀、赛川黄檀、绒毛黄檀、中美洲黄檀、越柬紫檀、大果紫檀、印度紫檀、安达曼紫檀、刺猬紫檀、囊状紫檀、鸟足紫檀、乌木、厚瓣乌木、毛药乌木、蓬赛乌木、苏拉威西乌木、菲律宾乌木、白花崖豆木、非洲崖豆木、铁刀木

红木知识

· 名称：仿古红酸枝木交椅三件套
· 最新市场参考价：17000 ~ 20000 元 / 套

○ 交椅

交椅也称胡床，是一种折叠式椅子，有圆靠背交椅与直背交椅之分。交椅上搭脑成圈状，脚为交叉形并带脚踏。交椅清代后就逐渐减少，现代的仿古家具中也较少。交椅，因其下半椅是呈交叉状故得名，据资料考证，起源于古代的“马扎”。“马扎”也称“马闸”或“交杌”，其模样同我们今天见到的小凳子相似，“杌”就是凳子，如今宁波人仍将小凳子称为“杌子”或“小杌子”。汉人的“马扎”又源于北方少数民族的“胡床”，大约在汉代传入，后来“胡床”经过发展演变，在唐代产生了交椅。宋代时交椅有多种，如金交椅、银交椅等。交椅轻便易搬动，主要是户外或厅堂中的临时陈设家具，它的特点是有轻巧的扶手，背板依照人的脊背作出曲线，古典交椅坐面多为丝绳、纺织品或皮木结合，当代一般做成线木坐面，颇为轻便舒适。其前后两腿交叉，交界点作轴，可以折合，搬动方便，上面安装一固定圈。整个造型从侧面看似由多个三角组成，线条优美活泼，但不失稳重。现代仿古交椅已发展成为三件套，坐面多用线木结合制作，也可叫古典发展型三件套交椅，即在两个交椅中间再加一个置物茶几，使用更方便。

· 名称：仿古红酸枝木交椅
· 规格：53cm × 66cm × 99cm
· 最新市场参考价：8000 ~ 10000 元 / 个

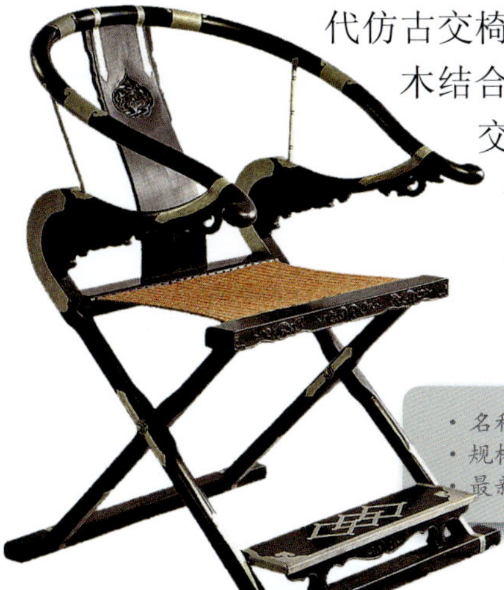

· 名称：仿古乌木交椅
· 规格：53cm × 66cm × 99cm
· 最新市场参考价：8000 ~ 10000 元 / 个

· 名称：仿古香枝木圈椅三件套
· 最新市场参考价：190000 ～ 260000 元 / 套

○ 圈椅

圈椅是在方机、方凳的上面加上靠背、椅圈而成。椅圈后背与扶手一顺而下，就座时肘部、臂部一并得到支撑，很舒适，颇受人们喜爱。它与交椅的不同是不用交叉腿，而是用四只腿直接支撑。古代这种圈椅多成双陈设，单独使用不多。明清时期圈椅种类较多，主要分为大圈椅、小圈椅两类。现代古典发展型的圈椅一般都制作为三件套、五件套或八件套。三件套即在两个圈椅中间又加一个用于置物的茶几，成三件套。五件套是在三件套基础上加一个加长的沙发和一个加大加长的大茶几，构成五件套。八件套又是在五件套基础上再加一个三件套并成为八件套。这样使用起来更方便、更实用、更协调。现代的套式圈椅沙发主要为客厅使用。

1.6. “草花梨”与“黄花梨”

· 名称：仿古香枝木明式八宝纹圈椅
· 规格：68cm×62cm×93cm
· 最新市场参考价：70000 ～ 90000 元 / 把

“草花梨”是越南和中越口岸的俗称，“草花梨”就是《国标》红木中的花梨木。“黄花梨”是国内红木市场的俗称，“黄花梨”也就是《国标》红木中的香枝木。在有些清代红木家具中，“草花梨”（花梨木）和“黄花梨”（香枝木），是没有严格区分的，都统一做成颜色较深、纹路难辨的深色红木家具，但它毕竟是完全不同的两类木材。进口的紫檀属花梨木类的木材，虽然与产于海南和越南的黄檀属香枝木类的木材均有“花梨”二字，但二者是同科不同属，不同树种的两种完全不同的木材。现在红木家具市场有一些黑心商人也用花梨木根部深褐材，制作成家具冒充香枝木家具骗人，但它毕竟是两种完全不同的木材。国标红木中，花梨木归豆科紫檀属，该属除檀香紫檀外的六十多个树种均为花梨木（其中有些为亚花梨），而香枝木则为豆科黄檀属香枝木类的降香黄檀树种。红木家具市场所说的老花梨木是黄花梨，新花梨木是花梨木的说法更是错上加错，完全混淆了这两种木材的本质。

· 名称：仿古乌木圈椅三件套
· 最新市场参考价：16000 ～ 18000 元 / 套

· 名称：仿古香枝木圈椅
· 规格：68cm×62cm×93cm
· 最新市场参考价：70000 ～ 90000 元 / 把

· 名称：仿古紫檀木镶香枝木面板圈椅八件套
· 最新市场参考价：650000 ～ 800000 元 / 套

○ 皇宫椅

· 名称：仿古红褐色香枝木皇宫椅三件套
· 最新市场参考价：250000 ~ 300000 元 / 套

许多古典家具书中把皇宫椅归为圈椅。但皇宫椅与圈椅区别较大，应该分成两种。明清时期皇宫圈椅制作较多，当代仿古家具中皇宫圈椅广受各阶层人士欢迎，制作式样多种多样。皇宫椅与圈椅区别主要在坐板以下。皇宫椅脚是圆弧弯型，而且靠背与脚分为上下两段，下脚加了托泥。圈椅四脚直通地，靠背与脚上下为一根直通，下脚未加托泥。明式皇宫圈椅以主圈（即圆形搭脑）为代表的韵律美，是我国家具最具民族特色的地方之一。至今依然深受大众的喜爱，也是明式家具的亮点之一。现代古典发展型的皇宫圈椅一般都制作为三件套、五件套或八件套，即在两个皇宫圈椅中间又加一个用于置物的茶几，成三件套；在三件套基础上加一个加长的沙发和一个加大加长的大茶几，组成五件套；在五件套基础上再加一个三件套并成为八件套。这样使用起来更方便、更实用、更协调。

· 名称：仿古红酸枝木皇宫椅
· 规格：65cm × 55cm × 100cm
· 最新市场参考价：9000 ~ 11000 元 / 把

· 名称：仿古黑褐色香枝木皇宫椅三件套
· 最新市场参考价：380000 ~ 520000 元 / 套

红木知识

1.7. 床的演变过程

明清床榻出现较早。早期的床和榻混用，既是坐类家具，又是卧类家具。明清流行拔步床、架子床。这两种床，都是四周有围栏，庞然如建筑物。到民国时期，出现“片床”，从此彻底改变了中国卧室的封闭格局。片床就是现在常用的床，由一高一矮两个片架组成，以床长枋相连，上置木板。这种床的出现受西方家具制造的影响，与社会进步大背景密切相关。拔步床、架子床使用的年代，房屋大多是无吊顶的高空房，房屋空间较大，灰尘大，如果外围不用床架子、床围栏框围起来，居住者会有恐惧感，所以只能用床把空间围成一个既舒服又感觉安全的小空间。随着城市化进程的加快，人的居住空间变小，而且迁移性增大，以前那些体积大、难以移动的拔步床适应不了这种新情况，所以才为片床所代替。片床是在欧式家具影响下产生的，因此，民国时期出现的片床，具有浓厚的欧式风格。现在有些红木片床，款式和雕刻花纹都有明显欧式特色。

· 名称：仿古紫檀木镶香枝木面板皇宫椅三件套
· 最新市场参考价：130000 ~ 160000 元 / 套

· 名称：仿古红酸枝木皇宫椅八件套
· 最新市场参考价：90000 ~ 120000 元 / 套

○ 非红木和亚红木坐类家具

目前非红木和亚红木家具严重充斥整个红木家具市场，因此，在此章节内特别介绍几种非红木和亚红木坐类家具。

非红木家具，业内也叫白木或杂木家具。主要树种有：巴拉圭维腊木，俗称绿檀香、玉檀香；非洲紫檀，俗称红花梨；安哥拉紫檀，俗称高棉花梨；红皮铁树，俗称非洲黄花梨或猪屎木；古夷苏木，俗称巴西花梨或巴花；红铁木豆、铁线子，俗称小叶红檀或大叶红檀；褐榄仁和爱里古夷苏木，俗称黑檀或黑紫檀；伯克苏木，俗称非洲酸枝、南美酸枝、红贵宝或巴里桑。按红木国家标准来衡量，以上这些杂木有些连亚红木都算不上，与真红木根本挂不上钩，对不上号，俗话说连真红木的“远房亲戚”都够不上。

亚红木进口量最大的是非洲紫檀和斯图崖豆木，其次是安哥拉紫檀和铁刀木。无论进口量多大，只要密度达不到《红木》国家标准，就不能同真红木相提并论，就不能叫红木家具。铁刀木、斯图崖豆木、非洲紫檀、安哥拉紫檀、安氏紫檀、药用紫檀、罗氏紫檀、刺紫檀、变色紫檀和堇色紫檀，直径较大，一般直径都能达到100～160厘米，生产出来的家具多为整木一块板，直观给人料好的错觉，再加上一些缺德黑心商人天花乱坠的欺骗性叫卖，不少人因此上当受骗，掏了真红木的高价买了一堆云南松一样价值的杂木家具。

· 名称：非洲红花梨靠背餐椅（红花梨为市场俗称，学名为非洲紫檀，因气干密度达不到花梨木标准，业内也称之为亚花梨）

· 最新市场参考价：400 ～ 600 元 / 把

· 名称：非洲高棉花梨靠背餐椅（非洲高棉花梨为市场俗称，学名：安哥拉紫檀，因气干密度达不到花梨木标准，业内也称之为亚花梨）

· 最新市场参考价：800 ～ 1200 元 / 对

· 名称：仿古“非洲黄花梨”皇宫椅三件套（“非洲黄花梨”实际上是一种白木，其学名为红皮铁树。这种木材因有较大猪屎味，也称猪屎木，在市场上很不受欢迎）

· 最新市场参考价：2300 ~ 2800 元 / 套

· 名称："黑檀"如意宝座（"黑檀"为市场俗称，也称"黑紫檀"，学名为褐榄仁，是一种白木，业内也称为非红木。这种假黑檀主要是用来冒充条纹乌木和乌木）
· 最新市场参考价：2000 ~ 2500 元 / 把

· 名称："南美酸枝"靠背餐椅（"非洲酸枝"和"南美酸枝"为俗称，其学名为白克苏木。属非红木，近似红酸枝木，但价格很低，变形大，不易上胶，较独特。）
· 最新市场参考价：800 ~ 1000 元 / 把

· 名称："非洲红檀"仿古官帽椅（"红檀"为市场俗称，学名铁线子。学名为红铁木豆，其材质同铁线子基本一致，这两种木材在家具制造中一般都通用）
· 最新市场参考价：1000 ~ 1200 元 / 把

· 名称：仿古"绿檀香"皇宫椅三件套
·（"绿檀香"为市场俗称，也俗称"玉檀"或"绿檀"，学名维腊木。其木也归白木类，业内也称为非红木，"绿檀香"在非红木中木质相对较好，价格也更高）
· 最新市场参考价：3800 ~ 4300 元 / 套

红木知识

1.8. 明清及民国家具主要用材

明代红木家具用材：香枝木、紫檀木、鸡翅木，主要用材为香枝木。

明代白木家具用材：铁力木、榉木。

清代红木家具用材：紫檀木、红酸枝木、花梨木、乌木。

清代白木家具用材：楠木、榉木。

民国红木家具用材：黑酸枝木、红酸枝木、花梨木。

民国白木家具用材：柚木。

· 名称：仿古"巴西花梨"皇宫椅三件套（"巴西花梨"为市场俗称，也称为"巴花"，学名古夷苏木，属于白木类，不属于红木，业内也称为非红木。）
· 最新市场参考价：2300 ~ 2800 元 / 套

· 名称：仿古花梨木孔雀太师椅
· 最新市场参考价：12000 ～ 16000 元 / 套

○ 太师椅

太师椅是惟一用官职来命名的椅子，它最早使用于宋代。在宋元明清的史书、名人笔记以及流传至今的辞书中均有记载和描述。有关太师椅名称的最早记载见于宋代张瑞义的《贵耳集》。文中提到当时任太师的奸臣秦桧坐着的时候，无意中头巾坠落。他的下属看在眼里，便命人制作了一种荷叶托首，由工匠安在秦桧的椅子上。太师椅由此产生，太师椅这一名称也由此传开。

明代时，太师椅之名仍很流行，但椅形已不是指带荷叶托首的椅子了，而是将下部制为框式方座、上部安栲栳样椅圈儿的圈椅称为太师椅。

清代把屏背式扶手椅称为“太师椅”。样子庄重严谨，用料厚重，雕饰繁重，体量宽大，气度宏伟。所有的这些特征，都是为了突出主人的地位和身份，这一点恰好符合它的名字。

· 名称：仿古红酸枝木灵芝太师椅
· 规格：66cm × 50cm × 109cm
· 最新市场参考价：12000 ～ 16000 元 / 把

· 名称：仿古红酸枝木福寿纹太师椅
· 规格：65cm × 52cm × 103cm
· 最新市场参考价：6000 ~ 8000 元 / 把

· 名称：仿古红酸枝木灵芝纹太师椅三件套
· 最新市场参考价：20000 ~ 28000 元 / 套

· 名称：仿古黄红色香枝木太师椅三件套
· 最新市场参考价：160000 ~ 220000 元 / 套

○ 官帽椅和扶手椅

官帽椅以其造型酷似古代官员的官帽而得名。官帽椅分为南官帽椅和四出头式官帽椅两种。所谓四出头，实质就是靠背椅子的搭脑两端，左右扶手前端都出头，背板多为“S”形，且多用一块整板制成。官帽椅扶手有齐头和圆头两种。雕花只在靠背和牙板上有，而且雕得很少，牙板一般只有线刻。南官帽椅的特别之处是在椅背立柱和搭脑相接处做成软圆角，由立柱作榫头，横梁作榫窝的烟袋锅式做法。椅背有使用一整板做成“S”形，也有采用边框镶板做法，雕有图案，美观大方。

· 名称：仿古黄白色香枝木官帽椅
· 规格：66cm × 52cm × 122cm
· 最新市场参考价：80000 ～ 100000 元 / 把

扶手椅很像太师椅，同时和官帽椅相似，因有的靠背搭脑像官帽，也有人叫“官帽椅”。但扶手椅同官帽椅其实区别很大，扶手椅的扶手、靠背多用一块板制作而成，即便不用整块板面制作，用料也较多，制作复杂繁琐。官帽椅则非常简洁流畅，用料少，靠背中央只用一块“S”形窄板制作，大多为空透，扶手下只用一根直立独鹿角枨。

· 名称：仿古黄白色香枝木南官帽椅
· 规格：66cm × 52cm × 122cm
· 最新市场参考价：80000 ～ 100000 元 / 把

· 名称：仿古鸡翅木福庆纹扶手椅
· 规格：65cm × 50cm × 108cm
· 最新市场参考价：4000 ～ 4500 元 / 把

- 名称：仿古鸡翅木花卉纹扶手椅
- 最新市场参考价：4500 ～ 5000 元 / 把

- 名称：仿古红酸枝木夔凤纹扶手椅
- 规格：55cm × 43cm × 83cm
- 最新市场参考价：8500 ～ 10000 元 / 把

红木知识

1.9. 香枝木的鉴定

香枝木俗称“黄花梨”，以下就用俗称。级别再高的木材鉴定专家要准确无误地鉴定出是海南黄花梨还是越南黄花梨，也是一件非常困难的事。可以说要真正准确鉴定出海南黄花梨和越南黄花梨的真假与区别，只能通过看、问、闻、掂、比来鉴定，同时还要用花纹、气味、颜色或重量四大特点来综合对比。光用花纹、气味、颜色或重量四大特点中的一种无法真正作出正确鉴定。总体上说，只能用资深的经验来感悟，无法言传，因为没有准确的语言可以表达和传教。这两种木头实际上没有本质区别。如花纹：越南黄花梨较艳，较抢眼，较漂亮，相反海南黄花梨较柔和。气味：辛酸香味，越南黄花梨较重、较冲，相反海南黄花梨气味较柔和，不明显。颜色：越南黄花梨有深有浅，有褐有红有黄有白，海南黄花梨也同样有深有浅，有褐有红有黄有白，很难比较。重量：越南黄花梨有重有轻，海南黄花梨也同样有重有轻。所以说鉴定属于哪里的黄花梨是很困难的事。

- 名称：仿古红酸枝木螭纹扶手椅
- 规格：68cm × 52cm × 101cm
- 最新市场参考价：9000 ～ 11000 元 / 把

○ 玫瑰椅

玫瑰椅较小，现代也有人称“文椅”、“夫人椅”，即文人和女人坐的椅子。玫瑰椅在宋代名画中常见，明代生活中使用更加普遍，从传世实物数量来看，它无疑是明代极为流行的一种椅子。玫瑰椅同南官帽椅式样接近，它的椅背通常低于其他各式椅子，靠背与扶手高度相差无几，一般只比扶手高一倍左右，搭脑部位正好为坐者的下后背。

· 名称：仿古花梨木双套环玫瑰椅
· 规格：57cm × 43cm × 88cm
· 最新市场参考价：3000 ～ 3500 元 / 把

· 名称：仿古红酸枝木夔龙纹玫瑰椅
· 规格：60cm × 46cm × 94cm
· 最新市场参考价：6000 ～ 8000 元 / 把

· 名称：仿古香枝木透雕夔龙纹玫瑰椅三件套
· 最新市场参考价：160000 ～ 230000 元 / 套

○ 靠背椅和灯挂椅

靠背椅产生于南北朝，唐代以后使用更加普遍。椅面一般为方形，有靠背，拱形搭脑。靠背椅主要特点是有靠背无扶手，并且靠背搭脑不出头。这种椅子的靠背形式较多，明清时期的靠背椅种类很多，制作极为精细。现代餐桌的椅子中，各式各样款式的古典靠背椅都有仿制。

- 名称：仿古红酸枝木玫瑰纹靠背椅
- 规格：63cm × 50cm × 109cm
- 最新市场参考价：10000 ~ 13000 元 / 把

灯挂椅与靠背椅没有本质区别，所不同的是灯挂椅的靠背横梁（搭脑）长出两端，又微上翘，犹如挑灯的灯竿，故此得名。

- 名称：仿古红酸枝木灯挂椅餐桌七件套
- 最新市场参考价：50000 ~ 70000 元 / 套

- 名称：仿古花梨木灯挂椅
- 规格：50cm × 47cm × 96cm
- 最新市场参考价：5000 ～ 6000 元 / 对

- 名称：仿古红酸枝木九龙纹靠背椅
- 规格：60cm × 49cm × 103cm
- 最新市场参考价：6000 ～ 8000 元 / 把

- 名称：仿古花梨木洋花靠背椅
- 规格：50cm × 47cm × 96cm
- 最新市场参考价：2500 ～ 2800 元 / 把

- 名称：仿古红酸枝木清式靠背椅
- 规格：47cm × 46cm × 97cm
- 最新市场参考价：5000 ～ 6000 元 / 把

· 名称：仿古香枝木五件套圆凳桌
· 最新市场参考价：250000 ~ 330000 元 / 套

○ 凳

凳子起源较早，而且种类较多，用途也不一样。主要有机凳、方凳、圆凳、条凳、滚凳等。脚凳不是坐具，而是蹬具或踏具，可用做搭脚或上床之用，它主要同大并且高的大椅、大床、大宝座配套，组合使用。由于大型坐具过高，超过人小腿的高度，坐在上面悬空不舒适，配上脚凳把腿足放在上面，相对舒服些。春凳与古代的床相像，春凳可坐可睡，通常为夫妻使用，古代江南地区喜欢用它来作嫁妆。滚凳作健身之用。道学认为，人的足心是心的涌泉，穴是人精气的产生之地，养生家常叫人们按摩足心，于是创意产生了滚凳。它的外形类似脚踏，只是将面板改成两段装上三根或两根滚轴，使用者可将脚踏在滚轴上对足心进行滚摩，以达到人工按摩的作用。古典凳类都是单个和几个作为凳子使用，而现在的仿古凳类大多发展为五件餐桌或休闲桌。主要方法就是用凳子的造型、工艺、风格、款式和结构放大制成一张桌，再做仿古典凳子四个，组成五件餐桌或休闲桌。

· 名称：仿古红酸枝木圆凳
· 规格：42cm × 50cm
· 最新市场参考价：1000 ~ 1300 元 / 个

- 名称：仿古香枝木八足鼓凳
- 规格：38cm × 49cm
- 最新市场参考价：20000 ～ 30000 元 / 个

- 名称：仿古红酸枝木海棠凳
- 规格：43cm × 49cm
- 最新市场参考价：2000 ～ 3500 元 / 个

- 名称：仿古红酸枝木方凳
- 规格：40cm × 40cm × 50cm
- 最新市场参考价：1500 ～ 1800 元 / 个

红木知识

1.10. 香枝木与老挝红酸枝木和花梨木的区别

从纹路、颜色和重量上讲，除老挝红酸枝木（业内也称紫酸枝和花酸枝，其学名为巴里黄檀）外，再没有一种红木的纹路、颜色和重量与香枝木更一致。接近一点的只有花梨木。

老挝红酸枝木：老挝红酸枝木有紫黑、紫红、褐黄和白黄色四种颜色，同样香枝木也有紫黑、紫红、褐黄和白黄色四种颜色。这两种木材极其难分，现在做掺假香枝木家具，很多都用这种老挝红酸枝木冒充。分辨方法，一是从纹路上看：香枝木有像花梨木一样有少量交织纹，而老挝红酸枝木没有。二是从气味上闻：香枝木的味道为辛酸香味，而老挝红酸枝木光是酸香味。

花梨木：老树根部花梨木很像褐黄的香枝木。有些作假者把老树根部花梨木加工成成品家具，然后用漂白剂漂白，再上一次深黄

· 名称：仿古鸡翅木方凳
· 规格：40cm×40cm×50cm
· 最新市场参考价：600 ~ 700 元 / 个

· 名称：仿古香枝木梅花七件套圆凳餐桌
· 最新市场参考价：350000 元 ~ 450000 元 / 套

褐颜色，打磨打蜡后充当香枝木家具卖。老树根部花梨木气干密度同香枝木差不多，颜色纹路也近似，辨别起来有点儿难。但是，有经验的人认真辨别还是可以搞准确。虽然老树根部花梨木的纹路近似香枝木，但有一点可以鉴别，老树根部花梨木的纹路不明显，尤其是带褐色纹路的很少，而香枝木最明显的特征是色彩鲜艳，纹路十分明显。香枝木都带褐黄、褐红或褐黑色纹路。从气味上也好鉴别，花梨木没有明显气味，只是新切面有一点点清香味，而香枝木有较大的辛酸香味。另外，花梨木用水冲一下就会流出机油般色水而香枝木不会流出带色的水。

· 名称：仿古香枝木方凳
· 规格：33cm×33cm×43cm
· 最新市场参考价：15000 ~ 20000 元 / 个

· 名称：仿古鸡翅木长方凳
· 规格：33cm×46cm×46cm
· 最新市场参考价：600 ~ 700 元 / 个

· 仿古香枝木古凳桌
· 最新市场参考价：280000 ～ 380000 元 / 套

○ 绣墩

墩在汉代已经出现，最早时多用竹藤制成。到五代时期，就出现了绣墩，也称坐墩，即在墩面蒙有兼具防尘和装饰效果的绣套。绣墩也是一种无靠背坐具，它的特点是面下不用四足，而采用攒鼓的做法，形成两端小中间大的腰鼓型。从宋代后木制坐墩、绣墩大量出现。还出现了嵌大理石、嵌影木的绣墩，造型多样，绚丽多彩。古典绣墩可单个或几个一起使用，现在的仿古绣墩大多发展为五件餐桌或休闲桌。桌是用绣墩的造型、工艺、风格、款式和结构放大制成一张桌，再做仿古典绣墩四个，组成五件餐桌或休闲桌。

· 名称：仿古红酸枝木绣墩
· 规格：53cm × 35cm
· 最新市场参考价：2500 ～ 3000 元 / 个

红木知识

1.11. 香枝木与“非洲黄花梨”的区别

· 名称：仿古花梨木绣墩桌
· 最新市场参考价：25000 ～ 30000 元 / 套

香枝木市场常常俗称为“黄花梨”，是高档红木。近几年非洲学名为红皮铁树的一种杂木进口相当多，其颜色和纹理较似香枝木，因此，一些红木经销商便给它穿上了一件漂亮而值钱的外衣“非洲黄花梨”或“非黄”。这种木材的特点是有较大的猪屎味，非洲当地人叫它“猪屎木”。一个家庭如果摆放了一房子“猪屎木”，会臭得无法呼吸。用“猪屎木”制作的衣柜，好衣服摆放一个星期后就臭得不能再穿了。虽然两种木头纹路、颜色较相近，但非洲“猪屎木”更轻。而且，香枝木有很大的辛酸香味。只要掂一掂分量、闻一闻味道，哪一种是“猪屎木” 哪一种是“香枝木”就清楚了。

· 名称：仿古红酸枝木绣墩
· 规格：50cm × 33cm
· 最新市场参考价：2000 ～ 2500 元 / 个

· 名称：仿古红酸枝木绣墩桌
· 最新市场参考价：45000 ～ 60000 元 / 套

- 名称：仿古鸡翅木绣墩
- 规格：50cm×33cm
- 最新市场参考价：1200 ～ 1300 元 / 对

- 名称：仿古红酸枝木绣墩
- 规格：43cm×35cm
- 最新市场参考价：2000 ～ 2500 元 / 个

- 名称：仿古花梨木古凳桌
- 最新市场参考价：15000 ～ 20000 元 / 套

第一章 坐类家具

第二节 现代坐类

现代的坐类家具与古典坐类家具相比，有很大的区别。主要体现在三个方面：一是件数增多。如古代皇宫椅、官帽椅、南官帽椅、圈椅都是单个或成双使用，没有加茶几。而现代仿古的这类椅子，一般都加了一个茶几，做成了三件套，更实用，更方便，更合理，是对古典家具的补充、发展和完善。如宝座、太师椅，古代一般只是一个单椅，现代仿古家具参照宝座、太师椅的风格、款式、工艺、造型、构造、纹饰，做成四个单椅，一个大椅，再配一个大茶几，两个小茶几，组成八件套沙发。也有再加两个同茶几款式、风格相同的花架，组成十件套沙发。二是规格加大。如分别把宝座、太师椅的造型、款式、风格、工艺、规格再加长加宽加高放大，再施以复杂的雕琢，制成一长沙发，一大茶几，四个小沙发，四个小茶几，两个花架，再配五个脚踏，制作成十七件的大型沙发。放大后的大型多件沙发非常气派、庄重，富丽华贵。三是集工艺、实用、软体于一身。现代红木家具既有古典家具的神韵，也有中西结合，是凸显时代特点、风格的综合性红木家具。现代红木家具同现代建筑、装饰紧密结合，集工艺、实用、舒适于一身，很难说准是什么式样，但颇为时尚和实用，深受市场欢迎，占据了红木家具市场的半壁江山。这类家具主要用价格较低的鸡翅木制作，也有用中等价格的花梨木制作。一般这类家具无太多雕刻，只是用几何纹、回纹、圆圈和线条装饰，美观而时尚。

◯ 工艺型

所谓工艺型坐类家具就是突出工艺性和追求时尚性、豪华性结合的红木坐类家具，是在时尚、豪华、实用的基础上采用工艺性的技法制作。广义的工艺红木家具实际上包含了大多数红木家具、屏风家具和台架家具。这里讲的是狭义的坐类红木家具，主要包括两类：一是根雕类和仿花木类、仿动物类等坐类红木家具。这类家具，首先是从艺术的角度开始设计、构思、选料；其次是尽可能达到坐类现代家具具有的高适用性、舒适性；再次是又具有独特性和形象性，真正达到工艺、实用和形象性的高度结合。二是豪华工艺类。豪华工艺坐类红木家具是豪华清式、豪华欧式与现代豪华家具的结合体。主要特点：规格大，最大化追求制作难度和雕刻的极高水平。多用整料、好料制作，如香枝木、黑酸枝木、红酸枝木和花梨木等。由于雕刻较多，制作用时较长，手工费用高，豪华型坐类红木家具极少有非红木和亚红木制作。

· 名称：现代红酸枝木蟹椅五件套
· 最新市场参考价：130000 ~ 160000 元 / 套

• 名称：现代花梨木龙凤休闲沙发五件套
• 最新市场参考价：70000 ~ 75000 元 / 套

• 名称：现代花梨木螺式休闲沙发五件套
• 最新市场参考价：70000 ~ 75000 元 / 套

• 名称：现代花梨木白菜休闲沙发五件套
• 最新市场参考价：70000 ~ 75000 元 / 套

○ 实用型

实用型坐类红木家具就是突出实用性的现代坐类红木家具。从构思、设计、选料到制作都围绕实用性、舒适性和经济性进行。雕刻少，装饰以圈饰线饰为主，少量的雕刻也只是画龙点睛式使用一些浅雕、线雕。用料省，突出实用性。追求简洁流畅和时尚感，制作手法近似明末清初时期的家具，只是规格、尺寸更大，现代气息更浓而已。

· 名称：现代黑酸枝木福寿纹沙发十件套
· 最新市场参考价：160000 ~ 200000 元 / 套

· 名称：现代红酸枝木宝座沙发十四件套
· 最新市场参考价：180000 ~ 230000 元 / 套

· 名称：现代紫檀木镶香枝木宝座沙发十三件套
· 最新市场参考价：1500000 ~ 1600000 元 / 套

· 名称：现代花梨木九龙沙发三件套
· 最新市场参考价：30000 ~ 40000 元 / 套

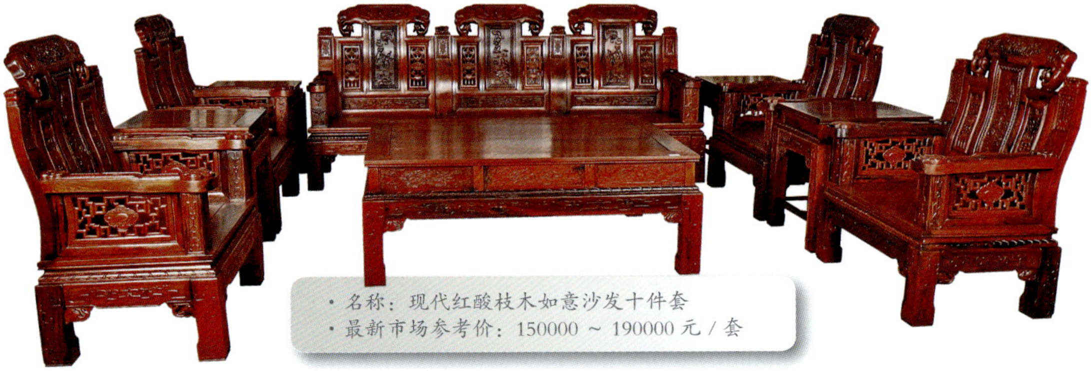

• 名称：现代红酸枝木如意沙发十件套
• 最新市场参考价：150000 ~ 190000 元 / 套

• 名称：现代黑酸枝木云龙沙发八件套
• 最新市场参考价：160000 ~ 210000 元 / 套

· 名称：现代红酸枝木如意沙发十件套
· 最新市场参考价：160000 ~ 210000 元 / 套

· 名称：现代红酸枝木琴式沙发八件套
· 最新市场参考价：140000 ~ 160000 元 / 套

· 名称：现代黑酸枝木四季沙发十四件套
· 最新市场参考价：200000 ~ 250000 元 / 套

· 名称：现代红酸枝木夔龙纹沙发八件套
· 最新市场参考价：160000 ~ 200000 元 / 套

· 名称：现代红酸枝木如意沙发八件套
· 最新市场参考价：160000 ~ 200000 元 / 套

· 名称：现代红酸枝木莲花沙发八件套
· 最新市场参考价：190000–230000 元 / 套

· 名称：现代黑酸枝木如意狮子沙发十件套
· 最新市场参考价：180000-220000 元 / 套

红木知识

1.12. 怎样辨别真品与修复性的仿制红木家具

修复性的仿制红木家具是用新红木材料仿照明清家具的样式，图形修复和部分制作的仿古红木家具。仿制分为：仿制性修复部件和制造性仿制补做新整件。收藏古典红木家具要从材质、品相、风格、年代四个方面进行考量，购买仿制红木家具也必须考虑这四个方面。中国传统的红木家具，特别是明清红木家具，都采用榫卯结构连接，通体不钉一颗钉子，但仿制红木家具做工从简，工艺简单，看不见的部位和结构处常常会用钉子钉。真品红木家具表里如一，但仿制红木家具的背板、底板多为杂木或红木的白边料制作。仿制红木家具一般未经过干燥脱脂处理，容易开裂和变形。真品红木家具一般用天然无色的生漆上漆，纹路清晰可见，而仿制红木家具一般多刷深黑色、深红色聚酯漆，表面发乌发暗，很难分辨材质树种，纹路也看不清，有一种极不自然的感觉。真品红木家具具有天然的风雨沧桑感，有柔和的光泽、包浆。这里讲的仿制红木家具，不包括做旧红木家具，做旧是作假。仿制红木家具里的修复部分又分两类。第一类是补料家具，即对古典家具损坏的部位进行修复，如换只脚、补料和补洞补裂等，修复工艺较好，这类家具仍然具有收藏价值。第二类是补件家具，如古家具有一张桌子、两个椅子，现在又配上四个椅子。又如皇宫圈椅，原来有一把椅子，现在又配上一个茶几、一把椅子等。这类家具要看补件的多少来考量收藏价值。原则上讲，补件越少越值钱，补件越多越便宜。

· 名称：现代红酸枝木沙发盛世御品六件套
· 最新市场参考价：180000 ~ 250000 元 / 套

· 名称：现代红酸枝木战国沙发十件套（靠背立柱直径为 20cm）
· 最新市场参考价：300000 ~ 400000 元 / 套

· 名称：现代花梨木软体布沙发七件套
· 最新市场参考价：30000 ~ 35000 元 / 套

· 名称：现代花梨木软体布沙发六件套
· 最新市场参考价：30000 ~ 35000 元 / 套

◯ 软体型

软体坐类红木家具，是木与皮或棉纺品结合的红木家具。但不以皮革、海绵、织物为主体，而是以红木为主体，所使用的高档皮革、海绵、织物只为辅料，主要用于垫、镶嵌在坐面红木面板或靠背红木面板上。软体型坐类红木家具就是红木和皮棉结合的坐类红木家具。款式以欧式和现代家具为主。软体型坐类红木家具既有坐类红木家具的华贵直观感觉，又有非常舒服的高级皮革沙发的享受，是消费者的首选物。

· 名称：现代红酸枝木欧式皮沙发五件套
· 最新市场参考价：80000 ~ 90000 元 / 套

· 名称：现代花梨木欧式软体牛皮沙发六件套
· 最新市场参考价：50000 ~ 55000 元 / 套

红木知识

1.13. 香枝木的种类

香枝木业内俗称“黄花梨”。香枝木树科名为豆科；树属名为黄檀；树类名为香枝木；树种名为降香黄檀。《红木》国家标准将香枝木归为降香黄檀树种。降香黄檀这一名称1984年才确定。1984年前同海南黄檀是一个名称。未分名前当地林农笼统叫“海南黄檀”或“花梨”。其中分两种，一种叫“花梨公”，芯材较大，有五分之四，深褐色，边材黄褐色。另一种叫“花梨母”，芯材小，黄褐到紫褐黄色，边材浅白黄色。1984年国家热带植物研究所专家对这两类黄檀进行分类，“花梨公”定为海南黄檀；“花梨母”定为降香黄檀。“降香黄檀”归为国标《红木》，“海南黄檀”未归为国标《红木》。

红木业内习惯将全世界香枝木按产地、木质划分为四种：海南西部香枝木，海南东部香枝木，越南北部香枝木，越南南部香枝木。越南南部香枝木包括老挝沙湾拿吉香枝木及柬埔寨东南部香枝木。越南北部香枝木与海南西部香枝木的色泽、纹路、密度、气味

· 名称：现代香枝木镶瘿木面板宝鼎沙发十七件套
· 最新市场参考价：108000000 ~ 128000000 元 / 套

都基本相似。越南南部香枝木与海南东部香枝木的色泽、纹路、密度、气味都差不多。学术界和木材界对产于两个地区的四种香枝木有一些不同观点。有的专家说一样，差不多；有的说不一样，有差别。有的专家甚至说，平心而论，越南香枝木与海南香枝木，没有区别，应该叫“越南香枝木”。这种叫法固然没有理论依据，在红木分类中，只有香枝木类和降香黄檀树种的划分，没有海南香枝木和越南香枝木这两个名称。曾有木材商将五块越南香枝木和五块海南香枝木在不做任何标记的情况下同时送到权威机构鉴定，结果十块都确定为香枝木，并未能标记出具体出产地。这就充分说明这两种树种同属香枝木类降香黄檀树种。古时有关书籍有黄花梨产自海南、北越（也称安南）之说，这就进一步说明，这两种木材都有记载，没有本质区别。

有的专家认为，北京故宫珍藏的香枝木家具也有不少是用越南香枝木制作而成。理由是，据历史文字记载，海南香枝木直径较小，而故宫有些香枝木家具的面板为整板而且较宽较长，因此专家认定是越南香枝木制作的，在海南找不到那样大的香枝木树。另外，越南与海南隔海相望，并在同一纬度上，这两种木头的木质也应该一样。专家还认为，之所以在国际木材分类中找不到越南香枝木，最大可能是当年统治越南的法国殖民者漏报了这一树种，才造成这一缺憾。

◯ 豪华型

现代豪华型红木坐类家具，包含了工艺型、豪华型和超大型三个特点。豪华型家具工艺精湛，雕刻繁叠，规格大，较为气派。豪华型家具用料多，而且是全手工雕作，一套大型雕刻家具往往要用时一年多，成本较高，售价昂贵。现代豪华型坐类家具主要有两类：第一是大底座型百鸟朝凤式沙发或百子欢聚式沙发。这类家具规格超大，件数较多，通常制作成22件套，往往都加有连体大脚踏，用料5立方米以上，雕刻极繁叠，一个雕工师傅一般要做三年左右。第二是宝鼎式沙发、九龙式沙发和双龙戏珠式沙发。这类家具规格大，件数也多，常见做成17件套，但一般都不再加连体脚踏，用料4立方米以上，雕刻繁叠，一个雕工师傅一般要做两年左右。

• 名称：现代红酸枝木八马沙发十七件套
• 最新市场参考价：1900000 ~ 2600000 元 / 套

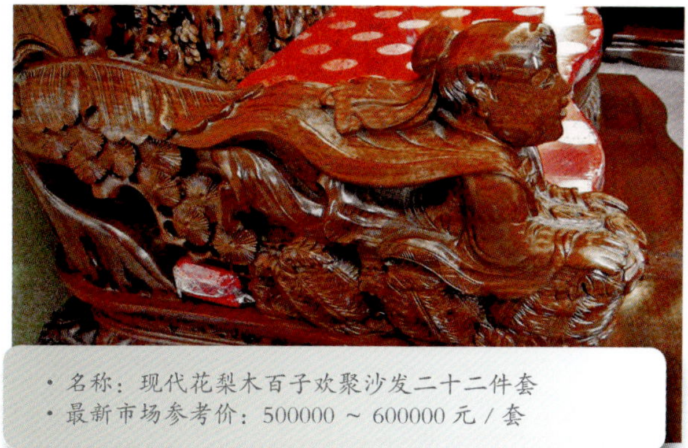

· 名称：现代花梨木百子欢聚沙发二十二件套
· 最新市场参考价：500000 ～ 600000 元 / 套

· 名称：现代花梨木百鸟朝凤沙发二十件套
· 最新市场参考价：480000 ～ 580000 元 / 套

· 名称：现代香枝木宝鼎十二件套
· 最新市场参考价：118000000 ～ 138000000 元 / 套

· 名称：现代交趾黄檀，俗称大红酸枝，宝鼎沙发十七件套
· 最新市场参考价：1080000—1980000 元 / 套

• 名称：现代香枝木整板双龙戏珠成品沙发十七件套
• 最新市场参考价：138000000 ~ 168000000 元 / 套

• 名称：现代香枝木整板双龙戏珠半成品十七件套局部图
• 最新市场参考价：138000000 ~ 168000000 元 / 套

1.14. 怎样鉴别作伪包浆

放置在室内的古典家具，主要看包浆。因为年代久远，古典红木家具表面长期与空气充分接触而发生氧化，颜色变深，加之长期汗渍手摸，表面显现出角质一样穿透般的透亮，这就是包浆。人造包浆，有亮度无氧化程度，很容易辨认。表面做旧的家具，发乌发暗无亮度，有些做旧的红木家具虽然亮但无汗渍感和角质感。作假亮度与长久手摸出的穿透般角质透亮是有区别的，辨别起来并不难。而且，做旧家具用刀具、砂纸在不显眼处轻轻一刮一擦就会显现新木颜色。放置在外的家具没有包浆，但有木筋。木筋是随着岁月侵蚀而在家具表面形成的凹凸不平的现象，现在除了用做仿古地板的方法刷磨出透木筋的表面外，其他方法无法作假。

辨别包浆的方法：第一，观察木材纹理，色泽是否自然。家具如有修配，纹理、色泽就或多或少会有差异。第二，注意表面风化程度。同样一件家具，由于放置与使用的条件不同，其风化程度差异较大。一般来说靠墙面、正面、上面与下脚，都会有风化的差异，观察这个风化的差异是否自然，如有人为做漆的痕迹就要十分小心。做旧作假的家具，没有风化感，颜色比较一致。第三，注意接缝、拐角等连接处的部位，作假做旧新家具，多搁几天，就一定有收缩，如露出部位都是新料、新颜色，即可断定是新做。

- 名称：现代花梨木大九龙沙发十二件套
- 最新市场参考价：280000 ~ 380000 元 / 套

第二章 卧类家具

第一节 仿古卧类

古代的卧类家具主要为床和榻，而最早的卧类家具应该是席。早期的“床”，包含两个含义：既是坐具，又是卧具。床与榻在席地而坐的时代是有分工的。床的体积较大，可用为坐具，也可用为卧具。榻的体积较小，只用于坐具。中国床的使用历史较早，传说神农氏发明床，少昊始作箦床，吕望作榻。

西汉后期，出现“榻”这个名称，它是专指坐具的。榻是床的一种，除了比一般的卧具矮小外，没有太大的区别，所以习惯上总是床榻并称。汉代还有一种叫“胡床”的坐具，也称为马扎，它和普通床榻的形状截然不同，是当时惟一的一种高足坐具，并不是卧具。唐宋时期，胡床已很盛行，不过自宋代开始已不叫胡床，而是叫交椅或太师椅了。魏晋时期的床榻，形式无多大变化，只是较以前应用更普遍，已成为了当时社会上使用很普遍、普通的坐具。东晋到南北朝时期，床的使用逐渐打破传统习惯，开始出现高足坐卧具。元朝至五代的床榻，形体都较宽大。五代以前的榻大都无围子，但供睡觉的床多带围子。五代的床和榻就有围子，而且围子较高。两宋时期的床榻大多无围子，所以又有四面床的称呼，使用这种无围子的床榻，一般须使用凭几为辅助家具。辽、金、元时期，三面或四面围栏床开始出现，做工和材料都较前代更好。到了明代，这种床榻很盛行，结构更具科学性，装饰手法达到了很高的工艺水平。从清末至民国时期，受欧式家具的影响，很多家具把建筑学里的样式、结构都运用到了卧类家具上，这一时期“片床”开始盛行。

○ 榻

最早的木榻出现在战国晚期，这也是中国最早的卧具。早期的榻的功能既是卧具，又是坐具，也称做床。主要的床榻有榻、罗汉床、贵妃床、架子床和拔步床。明代的床简洁朴素，相对矮小，而当时的富人对家具追求精美，多用名贵紫檀木、香枝木做床。清代的床体积较大，雕刻多，工艺复杂，做工精湛。民国时期则多以红酸枝木做床。围子床是古代床的一种，床上有围板、床身，床下面有底座。折叠床也是床的一种，无围栏，分为两截，可折叠。

· 名称：仿古红酸枝木明式围子榻
· 规格：108cm × 200cm
· 最新市场参考价：55000 ~ 60000 元 / 张

榻分为木榻和凉榻，前者是一种坐具，后者为坐卧具。木榻与木床有相似之处，但又有不同。古代的榻比床小，且无围栏。床的主要功能是作为卧具，榻则是作为坐具或坐卧具。木榻有大小、单双之分。大榻可坐可卧，可用来品茶和饮宴；小榻放床前，可供上下床和放置鞋子之用。独榻为身份高的人坐，双榻为身份低的人坐。明清时期的木榻较窄，较多地保留了五代和宋元时期的木榻特征，可做卧具也可做坐具。有些榻只有靠背而无围栏，有些床榻甚至无靠背，有靠背而一侧有枕头的又称“美人榻”。凉榻大多无围栏，所以又有“四面床”之称。凉榻呈长方形，是榻的一种，大量出现在明清时代。

现代仿古家具床榻类主要有榻、罗汉床、贵妃床、架子床和拔步床，其他的凉床、凉榻、折叠榻、子母屉榻都很少再制作。

· 名称：仿古花梨木厅炕榻
· 规格：220cm × 250cm
· 最新市场参考价：50000 ~ 60000 元 / 张

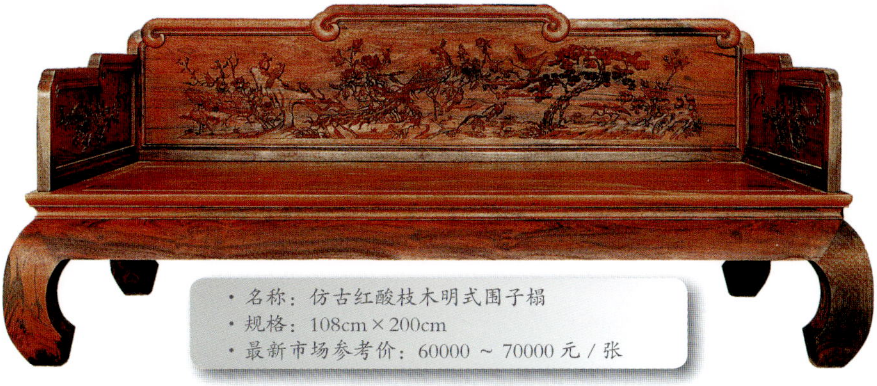

· 名称：仿古红酸枝木明式围子榻
· 规格：108cm × 200cm
· 最新市场参考价：60000 ~ 70000 元 / 张

· 名称：仿古香枝木厅炕榻
· 规格：220cm × 250cm
· 最新市场参考价：1900000 ~ 2600000 元 / 张

2.1. 花梨木家具简介

花梨木家具是目前市场上数量较多的红木家具；是树种、材质鱼目混珠，差别较大的一种红木家具；同时也是以次充好，亚红木、非红木掺假相当泛滥的一类家具。

在清代红木家具中，花梨木和香枝木是没有严格区分的，都统一做成颜色较深、纹路难辨的深褐家具，但它毕竟是完全不同的两类木材。花梨木为豆科紫檀属，该属除檀香紫檀外共有69个树种均为花梨木。目前的花梨木家具真真假假，用材又乱又杂，普通消费者和收藏者很难搞准搞清楚，导致一提花梨木很多消费者就摇头叹气。长江三角洲一带的消费者大多数都不敢购买做好深色油漆的成品花梨木家具，最重要的原因就是害怕买到亚花梨和非花梨家具。

其实越南和缅甸花梨木家具是材质较好的红木家具。目前花梨木家具用材普遍比红酸枝木家具用材要好得多，树径大而老，木质优而精。既无白边、虫眼、死结，又拼缝少，不易变形，价格也比红酸枝木便宜一半多，可以说是真正的物美价廉的好红木家具。越南、老挝、柬埔寨等国家和我国广东、广西一带的行话，常把东南亚的花梨木统称为“草花梨”，把降香黄檀叫做“黄花梨”。而实际上越南和柬埔寨产的“草花梨”真正的树种学名为“越柬紫檀”，缅甸产的“草花梨”真正的树种学名为“大果紫檀”。东南亚的“草花梨”不仅不是烂花梨木，相反是真正的“金花梨”。世界上最好的花梨木就是俗称“草花梨”的“越柬紫檀”；世界上最受市场欢迎的花梨木，就是俗称“草花梨”的缅甸“大果紫檀”。

- 名称：仿古花梨木独板厅炕榻
- 规格：250cm × 450cm
- 最新市场参考价：250000 ~ 300000 元 / 张

《红木》国家标准中的七种花梨木，即越柬紫檀、大果紫檀、印度紫檀、安达曼紫檀、刺猬紫檀、囊状紫檀和鸟足紫檀，除刺猬紫檀一种产自非洲外，其他都分布于东南亚。目前非洲刺猬紫檀产量很少，木质也没有东南亚的花梨木好，我国很少进口。市场上标有刺猬紫檀的家具，十有八九都是亚花梨或非花梨。

目前市场上的花梨木家具最好的是用越柬紫檀制作，其次是用大果紫檀制作，印度紫檀也有少量进口，但木材含水率在12%时，气干密度有些达不到0.76g/cm^{3}以上。但是，印度紫檀树上盛产瘿木，市场上的花梨瘿木，绝大多数都是来自印度紫檀的树上。

· 名称：仿古红酸枝木山水罗汉床四件套
· 规格：138cm × 200cm
· 最新市场参考价：70000 ~ 80000 元 / 张

○ 罗汉床

罗汉床是由汉代榻逐渐演化而来，是一种专指左右及后面装有围栏的一种床。罗汉床一般陈设在王公贵族的厅堂中，给人一种庄严肃穆的感觉。这种床可分为五围屏带踏板罗汉床、五围屏罗汉床和三围屏罗汉床。早期罗汉床为五围屏；中期，前踏板取消，三弯腿变得更流畅简洁；到晚期改为三屏，床面的三边没有矮围子，显得异常庄重和讲究。

· 名称：仿古红酸枝木绦环板罗汉床
· 规格：128cm × 200cm
· 最新市场参考价：55000 ~ 60000 元 / 张

・名称：仿古紫檀木云龙罗汉床两件套
・规格：128cm×210cm
・最新市场参考价：500000 ～ 600000 元／套

红木知识

2.2. 红木家具的发展趋势

目前，中国的红木99%以上依赖进口。由于国外多年的过量采伐，珍贵的红木资源逐年减少，因此国内红木供应越来越紧张，越来越珍贵。近年世界各国和国际环保组织对热带雨林和红木资源保护极为重视，管理非常严格，几乎都在禁伐。如在印度南部的迈索尔邦，只要抓到盗砍一棵野生紫檀木树的人，就要被抓去坐三到五年的牢。缅甸的花梨木，十年前每年出口上千万吨，近年降至只出口几万吨，出口量、采伐量大大缩减。靠近中国的密支那一带，十年前曾是成林成片的花梨木，但现在已难找到，许多人已开始挖十年前砍伐的花梨木树根来卖。总体趋势是，红木越来越少，越来越珍贵，红木家具价格也将越来越高。

红木家具未来的五大发展趋势：**更昂贵**。随着红木的稀少、珍贵，木材价格将会成倍上涨，生产出来的红木家具价格无法预测，价格肯定相当昂贵。如俗称为“海南黄花梨”的香枝木，1970年前只是医药公司收来做药用，每吨200元，每公斤0.2元，2009年每公斤涨到了9000元，每吨达到了900万元。越南香枝木2005年前只同大红酸枝木同等价格，现在高出红酸枝木五十到一百倍。长面板红酸枝木2005年前20000元左右一吨，现已涨到均价250000元左右一吨，涨幅超过十倍。再过几十年要在市场上再买到野生香枝木和野生紫檀木的新家具，肯定非常困难。那时新家具的木材将主要是红酸枝木、白酸枝木、花梨木、鸡翅木这四类了，而且这四类的价格，也将是现在的几倍。**更精致**。精致包括工艺更精湛，做工更精

- 名称：仿古花梨木云龙罗汉床三件套
- 规格：128cm × 210cm
- 最新市场参考价：60000 ~ 90000 元 / 套

· 名称：仿古香枝木罗汉床三件套
· 规格：128cm×200cm
· 最新市场参考价：2500000 ~ 3000000 元 / 套

细，款式更精美。款式更偏向于明式家具，更简洁，更精巧，更省料。**更舒适**。主要是有了木硬坐软之感。家具更注重人体合一，具室合一。虽然是用硬木做出的家具，由于更适合人体，也因为结合了其他材料，具有柔软的感觉和舒适的享受，不再像过去一些家具那样大、高、宽、厚、重而华而不实。在现代家具中，皮木结构和棉木结合的家具会越来越多。**更个性化**。个性化体现在红木家具在具有人性化、舒适性的基础上，规格也按性别分制更加人性化。如明式家具的贵妃榻与罗汉床就分成了男女不同的卧具，太师椅和玫瑰椅也分成了男女不同的坐具，将来的红木家具会更加突出。如床可以一分为二，书柜、书桌、橱柜也会有男式女式的规格差异。**更多样化**。在节省木材的前提下，将来的红木家具会集明式、清式和欧式家具的优点于一体，创造出省料、豪华、舒适、雅致的多样性红木家具。

· 名称：仿古红酸枝木罗汉床二件套
· 规格：158cm×200cm
· 最新市场参考价：80000 ~ 90000 元 / 套

· 名称：仿古红酸枝木罗汉床三件套
· 规格：138cm × 200cm
· 最新市场参考价：70000 ～ 80000 元 / 套

· 名称：仿古花梨木罗汉床二件套
· 规格：118cm × 200cm
· 最新市场参考价：25000 ～ 35000 元 / 套

· 名称：仿古花梨木双龙戏珠罗汉床
· 规格：180cm × 220cm
· 最新市场参考价：90000 ～ 130000 元

· 名称：仿古鸡翅木罗汉床三件套
· 规格：118cm × 200cm
· 最新市场参考价：15000 ～ 20000 元 / 套

· 名称：仿明式红酸枝木贵妃床
· 规格：100cm × 200cm
· 最新市场参考价：30000 ~ 35000 元

○ 贵妃床

古典的床榻除了罗汉床、拔步床和架子床外，还有比罗汉床还小的床榻，如单枕香妃榻、美人榻等。单枕香妃榻、美人榻和贵妃床这类床榻直到当今仍然是既可做坐具，也可做卧具。

现代仿古大多只有贵妃床，式样就是单枕头，有一个靠背，有一个大面有围栏。

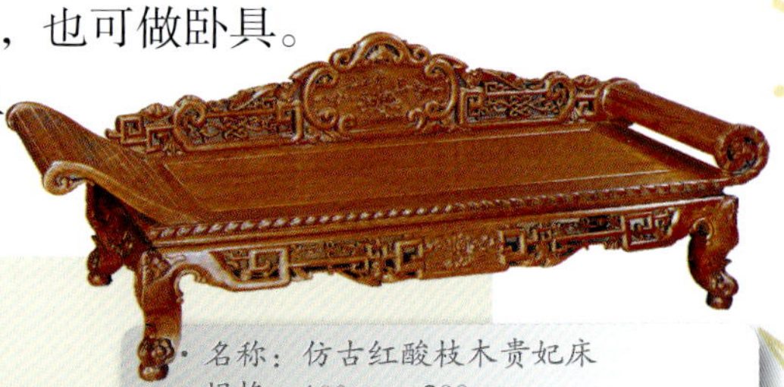

· 名称：仿古红酸枝木贵妃床
· 规格：100cm × 200cm
· 最新市场参考价：35000 ~ 40000 元

2.3. 怎样识别红木家具用材的优劣

红木家具的真与假，优与劣是两个不同的概念。真与假指红木家具用料是真红木树种还是非红木树种，优与劣则指的是选材用材的质量好坏。

识别红木家具的真与假需要精深的专业知识。一般消费者要在短时间内真正把三十三种国标红木都搞清楚并能辨别出真与假，根本不可能。只有慢慢学习和积累，多看多问或找比较懂红木家具知识的人帮助分辨和购买。红木家具用材的优与劣则是相对简单的技术性问题。一般人只要用心，认真观察学习，很快可以搞懂。红木家具的优与劣主要看红木家具中有没有使用白边料、腐烂料、补洞料和拼板料。使用白边料、腐烂料过多的红木家具就不能称为红木家具。红木家具一定要用树芯材，即红木死细胞，用芯材制作的才能称为红木家具。制假厂家用劣料的部位一般是背板、底板、抽屉和雕花多的部位，只要留心翻一翻，仔细看看木纹、颜色和漆色是不是一致，就基本搞清楚了。购买的原则是，宁可选购使用了裂板或有老迹小虫眼的红木家具，也不要选购用了白边料、腐烂料的红木家具。因为白边料易腐烂，腐烂料易虫蛀，这两个问题都是红木家具中的大忌。

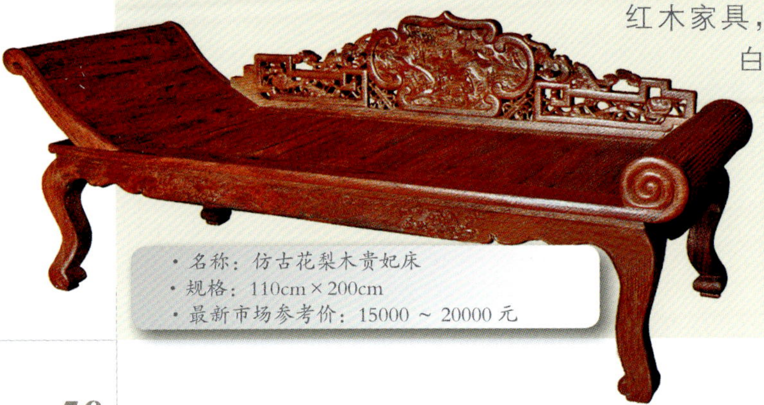

· 名称：仿古花梨木贵妃床
· 规格：110cm × 200cm
· 最新市场参考价：15000 ~ 20000 元

红木知识

○ 架子床

架子床因床上端有顶架而得名。一般四角安立柱，床面两侧和后面装有围栏。上端四面还装横楣板，顶上有盖。围栏常用小木块作榫拼接成各式几何图样，也有的在正面床沿上多安两根立柱，两边各装方形栏板一块，称“门围子”。古典架子床，床屉分两层，用棕绳和藤皮编织而成，下层为棕屉，上层为藤席，棕屉起保护藤席和辅助藤席承重的作用，藤席统编为胡椒眼形，仿古架子床床屉全使用木板。四面床牙雕刻虎纹、螭龙纹、各种花卉纹等图案。牙板之上，采用高束腰的做法，用矮柱分为数格，中间镶安绦环板，浮雕鸟兽、花卉等纹饰，而且每块与每块之间无一相同，足见做工之精。古典架子床也有单用棕屉的，做法是在四道大边里沿起槽打眼。把屉面四边的棕绳头用竹楔镶入眼里，然后再用木条盖住槽边。这种床屉因有弹性，比较舒适。架子床在明代是体型较大的大型家具，做工精美，清雅别致。清代用料厚重，而且雕刻繁琐。明代宫廷的架子床用香枝木和榉木制作；清代架子床用紫檀木和榉木、楠木制作。

· 名称：仿古红酸枝木架子床
· 规格：200cm × 220cm
· 最新市场参考价：130000 ~ 150000 元

· 名称：仿古紫檀木镶香枝木架子床
· 规格：200cm × 220cm
· 最新市场参考价：2900000 ~ 3900000 元

2.4. 怎样修理红木家具

古典红木家具的维修主要分两部分：一是木工、雕花工修理；二是打磨、油漆工修理。木工雕花工修理主要是针对结构损坏、面子和雕花面严重损坏的修理。较旧的古典红木家具一般涉及腐烂件，断胳膊缺腿。新一些的仿古红木家具普遍是面子和雕花部位的损坏。古典红木家具修理过程共六步，新一些的仿古红木家具修理共四步（即古典红木家具修理的后四步）。第一步，如果是古典红木家具，先洗去浮尘、积土、水泥、沥青和化学油漆等。可用稀释剂先用刷子清洗，然后用水洗，再用洗衣粉冲洗。洗完后可风干或阴干，不干不能拆开，不然榫卯结构的部位不易复原。第二步，去掉要修理部位的漆。一般是用中砂纸轻擦，坚硬的地方可用刮刀刮。第三步，配铜饰件。如吊牌、面叶、合页、套脚、包角、牛鼻

· 名称：仿古紫檀木架子床
· 规格：200cm × 220cm
· 最新市场参考价：900000 ~ 1200000 元

· 名称：仿古香枝木架子床
· 规格：200cm × 220cm
· 最新市场参考价：3800000 ~ 4300000 元

环等，要按照原来的材质、铜质、铁质、原图形修补完整。第四步是整修木器部分。打开拆卸时尽量不伤及雕花面和原漆。损坏的部分得找同木质、同纹路、同颜色的木材填补重组完整。开裂大的裂缝用木片塞，小裂缝用木粉补，然后滴上快干胶。雕花的部分要雕刻同木质、同图案的雕件修补完整。第五步，打磨修补的结构部位和雕花修补部位。刮磨完后先用粗砂纸打磨，再用中砂纸打磨，最后用细砂纸打磨。第六步，打色。要将打磨过的地方、颜色不均的部位涂色至调均，然后上固化剂，固化剂上完要用吹风机吹干，再用细砂纸细致打磨。第七步，打上生漆或用酒精泡制的虫胶漆。修补家具的原则是修旧如旧，修新如新，尽可能保留原来的模样。因此，无论上生漆或虫胶漆，都要以保留原样为基础来进行修复。

相对小的损伤用油黑笔、油红笔或色精在损伤处涂上，然后用地板蜡反复打磨几遍即可。门或抽屉发涩或太紧，可用蜡烫在接触部位即可。

○ 拔步床

拔步床也叫“八步床”，是体型最大的一种床。架子床和拔步床为明清时期流行的两种大型床。这种床的诞生，同当时的建筑居住方式有很大关系。那个时代房屋空间高而大，直通屋顶无吊顶。宽大而高的空间放置一张小床，夜晚睡觉就会觉得空洞害

· 名称：仿古紫檀木拔步床
· 规格：200cm × 220cm
· 最新市场参考价：2300000 ~ 2500000 元

怕，很难入眠，冬天大空间也不保暖。架子床、拔步床把大的建筑空间缩小隔断，因此有人也称这种床为“房中房”。拔步床和架子床相近，就好像把架子床安装在一个木制平台上，平台前沿长出床的前沿二三尺，平台四角安立柱，镶以木制围栏。还有的在两边安上窗户，使床前形成一个回廊，空间虽小但人可进入，人跨入回廊犹如跨入室内，回廊中间置一脚踏，两侧可以放置小桌凳、便桶及灯盏等。这种床式布局所构成的环境空间犹如房中又套了一间小房。拔步床下有平台，带栏杆，大有床中床、罩中罩的意思。这种床进入民国后，在江南一带还常有人家使用，所饰纹样多吉祥图案及历史典故。

红木知识

2.5. 红木家具的四季保养

春天 这个季节是“上浆（包浆）”的最好季节，一是用蜂蜡烫蜡，进行一次性的充分保养。用50℃~60℃的烫蜡，用布团边烫边反复擦磨即可。二是用热核桃油擦拭，方法是用棉布团或棉纱反复多次擦拭。使用这两种方法前，都必须先把家具表面灰尘擦干净，再进行保养。

夏季 这一季节主要防止家具变形。门和抽屉要归位，不要过多摆放物品在柜内和顶上，防止挤压变形，四脚要垫平整，腿脚的受力方向和重力保持一致，勿倾斜。这个季节比较潮湿，不要用湿布擦家具。

• 名称：仿古卢氏黑黄檀大型拔步床
• 规格：280cm×480cm
• 最新市场参考价：800000 ~ 900000 元

秋季 又是一个保养季节，方法同春季一样保养即可。

冬季 最干燥，是红木家具的“鬼门关”。一是不宜烫蜡，也不要擦上热核桃油，只能用地板蜡擦一擦，而且地板蜡主要擦在背面、底面，不要擦正面，主要是对水分进行封存。二是在高层住宅内使用的红木家具，每天要适当加湿，没有加湿器，要用湿毛巾多擦几次，增加湿度。如果没有时间保养可用塑料布包住腿和脚，在塑料布内放入一块吸水的海绵或泡沫，增加家具的水分。

· 名称：仿古紫檀木拔步床
· 规格：200cm × 220cm
· 最新市场参考价：2300000 ~ 2500000 元

第二章 卧类家具

第二节 现代卧类

现代的卧类红木家具主要就是床，可分为中式和中欧结合式两类。中式实际上就是民国时期的“片床”演变发展而来的床。明清及以前的木床、木榻、架子床、拔步床、罗汉床和贵妃床基本上都有围栏或架子顶。民国时期出现的片床，彻底改变了中国卧室的封闭格局。片床由前后两个片架或框架组成，以床枋相连，上放置床板，也就是古代叫的“床屉”。片床同现代床大致一样，是受欧式家具影响而诞生的，而且与当时社会生活大背景有紧密关系。随着城市化的加快，人们居室空间变小，而且移迁性增多增加，因此，就出现了拆装方便、较为轻巧的片床。中式床以广东式样最多，广式床是吸取欧式风格制作，只是雕刻装饰上多用明、清的常用图案，所以同欧式床有几分相近。

· 名称：红酸枝木中西式床三件套
· 规格：180cm × 200cm
· 最新市场参考价：80000 ～ 90000 元 / 套

○ 简洁中西式床

简洁中西式床和民国片床组成、结构基本一致，是由两片一高一矮床头，两块连接床头的厚床枋，连接厚床枋上方再横加6到8根横档，上面置两片床板而组成。民国片床没有床头柜，中西式床加了两个床头柜，置物使用更加方便。所谓简洁中西式床，一般是指采用线条、天然木纹装饰为主，少雕、浅雕或不雕刻的中西式床。床头多为拱形、宝塔形，也有床头面板上镶嵌皮革而制成的软体中西式红木床。简洁中西式红木床，现代使用较普遍。

· 名称：红酸枝木中西式床三件套
· 规格：180cm × 200cm
· 最新市场参考价：80000 ~ 90000 元 / 套

2.6. 红木家具保养“三要”、“八忌”

三要：

一要常用洗涤剂擦洗，擦干后打蜡；

二要在家具中放袋花椒、烟叶或樟脑，主要是防老鼠咬；

三要每三到五年再上一至两道生漆，以保持光泽耐久。

八忌：

一忌在衣柜、写字台、电视柜上放重物，防止柜体及门变形；

二忌搬运中硬拖硬拉，防止拉烂榫卯结构；

三忌将家具放置在阳光下曝晒或放置在过热、过于干燥的地方，防止开裂变形；

四忌将家具放置在过于潮湿的地方，以免木材膨胀变形发霉；

五忌用水冲洗家具或用水浸泡，防止脱胶；

六忌用不同原油漆色的油漆修漆和用不同色的油灰补缝，以免留下疤痕；

七忌用碱水、开水、酒精、香蕉水擦洗家具，防止损坏漆面；

八忌冬季高层住房门窗长时间对开猛吹或打开窗帘长时间晒太阳，以免过度干燥而开裂变形。

• 名称：红酸枝木中西式床三件套
• 规格：180cm×200cm
• 最新市场参考价：80000 ~ 90000 元 / 套

· 名称：红酸枝木中西式床三件套
· 规格：180cm × 200cm
· 最新市场参考价：80000 ～ 90000 元 / 套

· 名称：花梨木中西式床三件套
· 规格：180cm × 200cm
· 最新市场参考价：35000 ～ 45000 元 / 套

○ 豪华中西式床

豪华中西式床，由一张大床两个床头柜组成，其款式结构同简洁中西式床差不多。它与简洁中西式床的区别是，用料大而厚，高、矮两个床头用料厚达12厘米左右，雕刻既深又繁琐，显得庄重，富丽华贵。由于精雕细刻耗时耗工，且大多是名匠一人雕刻而成，成本较高，所以这类中西式豪华床常用香枝木、黑酸枝木、红酸枝木、条纹乌木制作，售价很高。非洲假、亚红木极少。

- 名称：条纹乌木中西式豪华床三件套
- 规格：180cm × 200cm
- 最新市场参考价：110000 ~ 120000 元 / 套

红木知识

2.7. 红木家具的收藏价值和享受价值

目前具有升值潜力的红木家具主要有三类：一类是明代和清早期在宫廷造办处管理制作的或当时在文人、大师指点下制作的明式家具，木质多为香枝木。第二类是清朝康熙、雍正、乾隆三代由皇帝亲自监督、宫廷艺术家指导制作的宫廷家具，木质一般是紫檀木。第三类是仿古家具中较为精致或现代家具中较为经典的红木家具，木质一般为香枝木、紫檀木、黑酸枝木、红酸枝木、条纹乌木五类。明清家具升值空间无限，真品投资几乎没有风险。明清家具

· 名称：红酸枝木中西式豪华床三件套
· 规格：180cm × 200cm
· 最新市场参考价：130000 ~ 140000 元 / 套

即便是软木、白木或杂木家具只要是真品和收购价不高，仍然有升值空间，风险也几乎为零。仿古红木家具和现代经典红木家具，只要是上等真红木制作，工艺精湛，木质优良，随着红木原材料不断匮乏，价格不断攀升，只要购买到合理的价格，升值空间也较大，风险也几乎为零。

中国古典红木家具凭借其本身所具有的实用性及其散发出的东方民族古老文化的魅力，赢得了越来越多的西方人的喜爱，也得到了大量追求中华民族文化复归的海外华人及具有较高中国古典文化修养的国内知识分子的认同。价格也不断飙升，不断出现惊人的成交价。2004年11月22日，清初黄花梨雕云龙纹四件柜，估价为1000万～1200万元，在北京翰海拍卖成交价为1100万元（2002年到2004年是黄花梨价格最低的阶段）。2002年11月3日，清初黄花梨雕云龙纹四件柜，估价450万～550万元，在中国嘉德拍卖成交价为943.8万元（十年来黄花梨原材料价格已暴涨1000倍以上）。清乾隆紫檀福庆有余四件柜，2004年11月6日在中国嘉德拍卖成交为539万元，而估价只为300万元左右（十年来紫檀木价格也涨了300倍左右）。红酸枝木家具的价格也上升较快，2001年天津文物拍卖公司拍出的清代紫檀贴面雕博古纹红木柜一对，估价仅为70万元，成交价为437.8万元，是估价的六倍多。越南北部香枝木顶箱柜，2004年前极品仅为2万元左右一对，2007年7月后市场卖价一路攀升，到2013年已涨到1000万元左右，其升值速度同样十分惊人。

红木家具是中国文化史的缩影，也是永恒的时尚。过去它主要被具有较高中国古典文化修养的有钱的知识分子所宠爱和收藏，随着返古元素不断渗入各个消费领域，喜欢古典家具收藏的人群也不断扩大。俗话说：“盛世藏古董，乱世买黄金。”对于喜爱投资的人们而言，投资收藏古典红木家具是不错的选择，是风险较小的投资品种。

红木家具具有较高的文化价值、历史价值和研究价值，同时它还具备使用价值、收藏价值、升值价值、装饰价值、观赏价值和享受价值等。拥有一件精美的香枝木、紫檀木或红酸枝木家具是身份、地位、财富、文化修养和品位的象征。这种收藏的文化价值远远超过买豪车。一辆车使用时间越长，养护投入越来越多，不仅成为烧钱的工具，而且汽车本身的价值会不断缩水。而买一件精美的香枝木、紫檀木或红酸枝木家具，三年后升值最少也会超过30%，多至翻几倍。在家中收藏有艺术品位较高的家具，亲朋好友来访时看到，也会由衷地赞叹主人的品位。古董收藏中，家具最受收藏者青睐，这是由家具的价值所决定的。有钱人，无论你买的房子多昂贵、装潢如何好，都不及摆设几件精美绝伦的香枝木、紫檀木或红酸枝木家具更能体现身份、地位、品位、文化素养和财富的巨大。装修房子时应考虑到：客人进入房间时，第一眼大多看到的是客厅的沙发和餐桌，然后才会注意到房子的装修，如果客厅及餐厅的家具搭配得很得当，就能先入为主地给宾客一个主人很有品位的印象。所以说，对家里有余钱又热爱传统文化、热爱收藏的人来说，收藏这样的红木家具何乐而不为呢。

· 名称：条纹乌木中西式豪华床
· 规格：180cm × 200cm
· 最新市场参考价：105000 ~ 110000 元

○ 简洁中式床

现代中式床有简洁式和豪华式两类。简洁中式床也称简洁高低床。简洁中式床是从民国片床发展而来。一般简洁中式床有高头无矮头，有两个床头柜，也叫三面床。也有矮头的两面床，两面床同片床一样。它有民国片床和欧式床的骨架，又有西洋床的特点，款式较多，现代各类消费者都普遍使用。简洁中式床三面体的结构，床板和矮头制为一个整体，矮头用两个方脚制为落地式。简洁中式床高头方形较多，各种木材都有使用。简洁中式床突出的是简单和简洁，雕刻少用料少，现代这类床使用的数量很多。

· 名称：花梨木中式两面床三件套
· 规格：180cm × 200cm
· 最新市场参考价：30000 ~ 35000 元 / 套

· 名称：花梨木中式三面床三件套
· 规格：180cm × 200cm
· 最新市场参考价：30000 ~ 35000 元 / 套

红木知识

2.8. 中国红木家具的两个重要时期

总体上说，中国红木家具有两个重要时期，就是明清时期和21世纪前后期。明清时期是红木家具起源期、基础期、定型期和顶峰期，是红木家具的鼎盛时期。直至今日，中国现代红木家具的绝大多数款式、造型、规格、工艺、雕刻、装饰和结构都没有从明清古典家具中完全脱胎换骨出来，或多或少都有明清古典家具的影子，并没有质的飞跃。换句话说，现代种类繁多的红木家具，绝大多数依然是明清家具的体制、发展和改制。21世纪前后期中国红木家具又是一个继承期、扬弃期和发展期，是红木家具的又一个重要时期。这一时期主要的是数量上空前绝后的大量发展。细分有三个阶段：第一，20世纪五六十年代。这一阶段大量仿古红木家具和工艺品主要是出口到国外。第二，20世纪90年代中后期，价钱便宜的红木家具开始进入寻常百姓家庭。第三，2000年后，红木家具空前发展，香枝木、紫檀木和红酸枝木等高档上品红木家具大量出现。可以预见，随着红木原材料的逐渐匮乏，将来红木家具的数量肯定无法达到近十年这样大的产量了。

· 名称：红酸枝木中式两面床三件套
· 规格：180cm × 200cm
· 最新市场参考价：60000 ~ 70000 元 / 套

· 名称：花梨木中式三面床三件套
· 规格：180cm × 200cm
· 最新市场参考价：30000 ~ 35000 元 / 套

· 名称：紫檀木中式豪华三面床三件套
· 规格：180cm × 200cm
· 最新市场参考价：600000 ～ 700000 元 / 套

○ 豪华中式床

豪华中式床也称豪华两面床和豪华三面床。豪华中式床其结构、款式与简洁中式床差不多。它的豪华主要通过两点体现：第一，两个床头和床头柜款式美观，雕刻精美；第二，都选用香枝木、紫檀木、红酸枝木等上品红木制作。

红木知识

2.9. 紫檀木家具

紫檀木是世界上最珍贵的木材之一，主要产于印度南部的迈素尔邦。紫檀木是比较难识别的树种之一。其色褐红而深，纹路不明显，卢氏黑黄檀、东非黑黄檀、黑酸枝木、红酸枝木的颜色、密度、纹路都十分相似。一般不通过木材检验机构用切片来检测，很难下准确定义。这些年，不法商人为了赚取黑心的高额利润，把卢氏黑黄檀、东非黑黄檀、黑酸枝木、红酸枝木从中国倒运到印度南部和云南边境口岸，冒充印度大叶紫檀木出售。一些对紫檀木了解不多的采购商上了当买了假紫檀木也不知道。这些非紫檀木大多数最终还是流向了中国内地红木加工厂，制作成了所谓的“大叶紫檀木家具”推向了红木家具市场，坑害了不少消费者和收藏爱好者。有些厂家发现是假料了，面对昂贵的进货成本亏不起，将假就假，

红木知识

把将非紫檀木制作的家具冠名“大叶紫檀木家具”，一批又一批推向市场。可以不夸张地说，在中国家具市场上出售的大叶紫檀木家具差不多有80%都是假的。购买紫檀木家具必须找行家帮买，要三思而后买，慎之又慎。

古典紫檀木家具已十分昂贵，一件清初紫檀木条案在海外拍卖价已超过50万美元。国内的古典紫檀木家具也价格飞涨。现代的仿古紫檀木家具，虽然是新作，这类木材的家具一般都是由一流师傅亲自制作，随着紫檀木的原材料匮乏，将来价格也会猛升，值得投资和收藏。

紫檀木家具极尽奢华，为清代宫廷使用家具的首选材料。紫檀木家具经长期使用，其表面会产生自然氧化并为汗渍浸透，手抚摸而形成一层酷似角质的润泽透亮表层，也就是家具行里常说的“包浆”。目前是没有任何工艺可仿造出“包浆”的。清代的紫檀木家具价格是清代楠木家具价格的100倍，是花梨木家具的20倍。现代的紫檀木家具是现代楠木家具的100倍，也是花梨木家具的20倍，可见其身价之高。清代宫廷家具中紫檀木家具占极大比重。用紫檀木制作的家具有两种形式，一种是不加雕饰，外观朴素，充分展示紫檀木的天然质感；另一种为利用紫檀木细密的质地和极高的可塑性，精雕细琢。明式家具前者居多，清式家具则以后者居多。

清代宫廷家具紫檀木家具最多，主要由广东、江苏两地的大师级工匠制作。这两个地方当时是著名的家具产地，能进宫制作家具对当时的工匠来说是一件荣耀之事，地方和宫廷造办处都会发给安家费，而且工银丰厚。据传，好工匠的工银甚至高于一般知县的俸银。如果活计做得好，还有额外赏银和赏物，而且每年还有带薪探亲的假期，发给路费盘缠，多样的优厚待遇，使工匠们既安心地做工，同时也把自己的技艺发挥到极致。

这一时期的家具还有一个特点，就是很多家具是由出名的大师和大文人共同设计制作，所以这一时期的紫檀木家具不仅富丽华贵，而且具

· 名称：红酸枝木中式豪华两面床三件套
· 规格：180cm × 200cm
· 最新市场参考价：80000 ~ 90000 元 / 套

有极高的工艺水平，很多由文人参与设计制作的家具带有浓厚的文化意蕴。流传至今的明清紫檀木家具绝大多数都保存在北京故宫和庙宇里，流传在民间且保存完整的宫廷紫檀木家具几乎是凤毛麟角。现在市场上的紫檀木家具绝大多数都是近代和现代的仿制品。但如果艺术造型好，制作工艺好，也具有很高的价值。

2.10. 古典家具装饰特点

唐代经济昌盛、文化兴盛、思想开阔、多民族文化大融合以及与国际艺术的交流，极大地促进了工艺美术的发展。装饰题材多样化是唐代的一大特点。唐代家具雕刻题材广泛，外来舞乐、民族习俗在家具纹饰中都有所体现。宋代工艺美术受儒家思想的影响，以造型和色彩取胜，重视静态含蓄的美。辽、金、元纹样具有质朴、豪放的特色，体现在家具雕刻中，花草纹饰多，并多与人物故事组合，具有浓郁民族特色。

明代务实致用的思想，对工艺的发展产生着重要的影响。明快、大方、富于装饰美的风格在织锦、陶瓷、漆器、景泰蓝和家具中都取得了新的、重大的成就，并对当代工艺美术特别是家具雕刻及款式产生了深远影响，如今天的家具有一类装饰风格就称为“明式家具”，即源于明代流畅的线条轮廓，古朴、厚重、饱满的人物造型，给人最突出的观感，匀称简明，做工精致，装饰不繁琐。清代重视实学，倡导实践，对工艺美术产生着积极影响。清代早期家具风格承袭明代风格，到雍、乾、嘉时期，装饰手法花样层出不穷，大量使用吉祥图案，造型饱满，工艺精良繁缛，线条多柔曲，局部精巧细腻，通身纹饰雕刻富丽堂皇，华贵庄重。近代自然科学的传入，亦有益于工艺美术的发展。纹饰技术性强，装饰手法多种多样，工艺技术的综合利用，促进了家具的发展。特别值得再提的是，明清时期的纹样、图饰的理念，审美观较为成熟、实用，直至今日对家具纹饰都有着极其重要的影响和指导作用。

· 名称：红酸枝木中式豪华两面床三件套
· 规格：180cm × 200cm
· 最新市场参考价：80000 ~ 90000 元 / 套

· 名称：红酸枝木中式豪华三面床三件套
· 规格：180cm × 200cm
· 最新市场参考价：80000 ～ 90000 元 / 套

· 名称：红酸枝木中式豪华三面床三件套
· 规格：180cm × 200cm
· 最新市场参考价：80000 ～ 90000 元 / 套

· 名称：红酸枝木中式豪华两面床三件套
· 规格：180cm × 200cm
· 最新市场参考价：90000 ～ 100000 元 / 套

• 名称：花梨木中式套房六件套
• 最新市场参考价：100000 ~ 110000 元 / 套

• 名称：花梨木中式套房五件套
• 最新市场参考价：70000 ~ 80000 元 / 套

· 名称：红酸枝木中式套房六件套
· 最新市场参考价：170000 ~ 180000 元 / 套

◯ 中式套房

中式套房就是中西结合、古今结合、极具时尚的现代款式套房。历史传承了红木家具精湛的工艺，时代推动了红木家具的发展。中式红木套房就是在人们物质生活水平不断提高、人们居住环境不断改善的前提下的时代产物。一般采用花梨木、鸡翅木、白酸枝木、红酸枝木制作。用料少而精，少雕刻或不雕刻，极具

名称：花梨木中式套房六件套
最新市场参考价：80000 ~ 90000 元 / 套

· 名称：花梨木中式套房五件套
· 最新市场参考价：70000 ~ 80000 元 / 套

· 名称：鸡翅木中式套房七件套
· 最新市场参考价：40000 ~ 50000 元 / 套

· 名称：花梨木中式套房四件套
· 最新市场参考价：70000–85000 元 / 套

时代气息，深受各类消费人群欢迎。中式套房中的衣柜、大床、电视柜或综合柜、衣帽架、梳妆台与古代的顶竖柜、橱柜、大床、衣帽架、梳妆台有很大的区别。体现了古今结合、极具时尚的特点并突出实用功能。中式套房主要有五件、六件和七件三种。五件即一个大衣柜、一个大床、两个床头柜、一个电视柜或综合柜。六件即在五件基础上加一个衣帽架。七件即在六件基础上再加一个梳妆台。中式套房，无论几件套，最核心的就是突出一个“套”字。所谓“套”，即整个套房家具的款式、风格、工艺、脚形、弧形、纹饰、用料、油漆都相对一致。

2.11. 仿古红木家具的市场状况

古典红木家具，主要就是明清的宫廷家具，其木材主要为香枝木和紫檀木，现大多数都陈列在故宫中，流传民间的可以说少之又少，拥有真品者都留在手中，也不愿再出售，所以说民间流传的绝大多数都是仿制红木家具。高仿红木家具，因采用了上等的香枝木、紫檀木、红酸枝木制作，而且都是现代工艺高手加精密机器结合精制而成，其售价又只是明清红木家具的几十分之一，所以具有较大的升值空间。

现在的仿古红木家具市场较复杂，假货极多，主要有三种，一种为纯假，也就是全部用假红木制作；一种为半假，即用真红木厚皮包白木制作而成或真假两种木材混用；还有一种为挂羊头卖狗肉，即是真红木，但只是一般的黑酸枝木，却按大叶紫檀推销，造成消费者和收藏者无法辨别真伪，常常有人上当。购买红木家具时最好找家具行业的朋友帮助鉴定，或者到信誉较好的厂家、专卖店购买，避免上当。如一套雕刻简单的7件中式长方桌，木质一般的越南北部香枝木成本价在68万元左右，如果商家只卖67万元以下，就要考虑它的真假了。同样的红酸枝木餐桌的成本价在4万元左右，如果只卖3.9万元以下，应该就有问题了。还是同样的餐桌，越南和缅甸的花梨木，其成本不低于1.7万元，如果只卖1.6万元以下就应该考虑它的真假了。目前价格由低到高的红木家具依次为鸡翅木家具、花梨木家具、白酸枝木家具、条纹乌木和乌木家具、红酸枝木家具、黑酸枝木家具、紫檀木家具和香枝木家具。经济不宽裕的消费者和收藏者最好先购买、收藏价格低一点的前四类家具，这四类家具，随着木材资源逐渐匮乏，也会逐渐走高，其升值空间比一般家具还大。有实力的收藏者可购买香枝木、紫檀木和红酸枝木家具，有些仿古红木家具吸取了明清家具线条优美的特点，造型古朴清秀，继承了组合严密的结构，加工工艺好，雕刻细腻，具有较高的收藏价值、使用价值和艺术欣赏价值。

· 名称：红酸枝木中西式套房七件套
· 最新市场参考价：280000 ～ 350000 元 / 套

○ 中西式套房

中西式套房就是由中式和西式家具风格、造型、结构相融合的套房家具。中西式套房同中式套房一样也主要有五件、六件和七件三种。五件即一个大衣柜，一个大床，两个床头柜，一个电视柜或综合柜。六件即在五件的基础上加一个衣帽架。七件即在六件的基础上再加一个梳妆台。中西式套房多为豪华式套房。工艺精湛，用料厚重，雕刻繁琐，多用大弧形、大线条、大洋花纹和大玫瑰花纹精雕细凿而成。原材料多用上品的黄花梨、黑酸枝木和红酸枝木等红木制作，价格不菲。拥有一套这样的中西式套房，完全是财富、身份、地位、文化修养和品位的象征。

红木知识

2.12. 古典、仿古红木家具的价值主要看树种

专家普遍认为，一件古典红木家具的价值大致取决于树种、年代、做工和款式四个方面。为什么把树种排在第一位？这是因为在红木家具成本中，占大头的成本是木材，其次才是加工成本。而且，树种的名贵程度决定红木家具的价值。明代收藏价值较高的是香枝木，清代收藏价值较高的是紫檀木，这两类家具存世量不超过一万件，其珍贵程度可想而知。红酸枝木家具近年升温较快，也值得收藏。古典白木（杂木）家具收藏价值虽然也有，但远不如仿古的黄、黑、红三类红木家具，收藏者须慎重收藏。如清初的香枝木雕云龙四件柜，2004年的价格就达1100万元，但差不多同朝代、同工艺的白木四件柜，价值只是几万元，可以说它的收藏价值就没有可比性了。现代的仿古极品越南北方香枝木四件柜，2011年的市场价高达1000万元左右。因此消费者和收藏者应三思而后买。

· 名称：条纹乌木中西式套房五件套
· 最新市场参考价：210000 ~ 220000 元 / 套

· 名称：深褐色香枝木整板中西式豪华套房七件套
· 最新市场参考价：88000000 ~ 108000000 元 / 套

第三章 桌类家具

第一节 仿古桌类

桌子是隋唐时期出现的，早期的桌子样式比较单一。古代早期的桌类包括了长方桌、方桌、圆桌三大类，也可分为桌、案、几三类。长方桌中包括长方桌、炕桌、炕几、酒桌、琴桌、炕案、条案七种。

桌子常常与凳子相配套使用。案的造型有别于桌子，突出表现为案的腿足不在面沿，而在案侧面向里缩进一些的位置上。案较长，桌较短。案面两端有平头和翘头两种形式。两侧腿间大都镶有雕刻各种图案的板心或各式圈口。案足有两种做法：一种是采用足不直接接地，而是落在长条形托泥上；另一种不带托泥，腿足直接接地，并微向外撇。

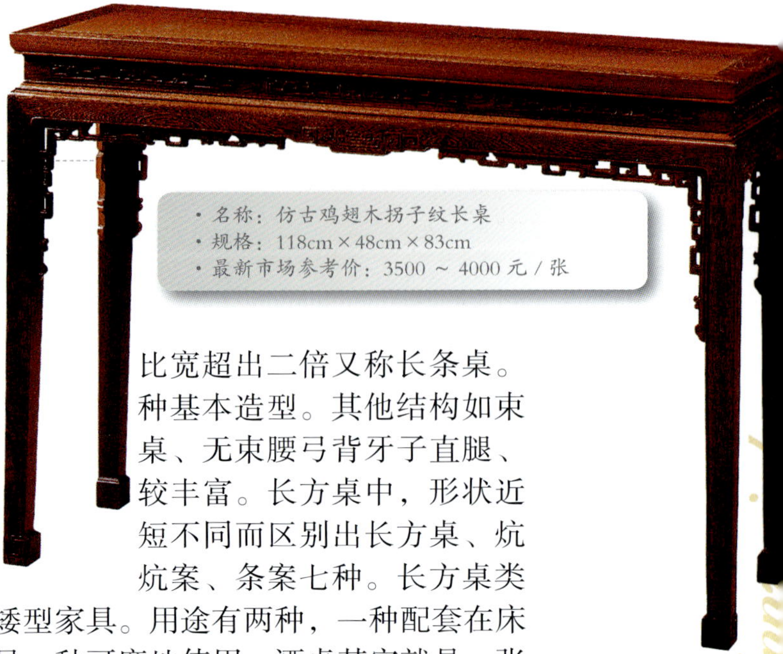

· 名称：仿古鸡翅木拐子纹长桌
· 规格：118cm × 48cm × 83cm
· 最新市场参考价：3500 ~ 4000 元 / 张

○ 长方桌

长方桌就是长大于宽类的桌子。长方桌中，长比宽超出二倍又称长条桌。长方桌有束腰、不束腰两种基本造型。其他结构如束腰罗锅枨、单矮佬直腿条桌、无束腰弓背牙子直腿、勾腿条桌等，总之形式比较丰富。长方桌中，形状近似，根据大小、高低、长短不同而区别出长方桌、炕桌、炕几、酒桌、琴桌、炕案、条案七种。长方桌类中的炕桌、炕案与炕几是矮型家具。用途有两种，一种配套在床榻上使用，也叫桌上桌，另一种可席地使用。酒桌其实就是一张较小的长方桌，主要用于饮酒或招待客人面谈时用。酒桌是宋代开始出现。炕案和条案与炕桌、炕几和长方桌的用途有区别。炕案、条案主要用于摆设物品，而炕桌、炕几、长方桌主要是日常生活使用。

3.1. 红木家具要三思而后买

红木知识

红木家具既是用来使用的家具又是用来点缀、观赏和装饰的工艺品，它同时又是具有较高收藏价值的古玩。红木家具最低一档的鸡翅木家具现在价格也不菲，如果是香枝木、紫檀木和红酸枝木家具那价格就十分昂贵了。因此买红木家具要三思而后买。

· 名称：仿古鸡翅木卷云纹长桌
· 规格：208cm × 108cm × 86cm
· 最新市场参考价：6000 ~ 7000 元 / 张

· 名称：仿古红酸枝木云纹长桌
· 规格：188cm × 98cm × 83cm
· 最新市场参考价：30000 ~ 35000 元 / 张

首先要想一想买哪一种树木的红木家具和为什么要买。现在市场上用量最大、最常见、最流行的八类红木中，价格相差巨大。香枝木脚料400万元左右一吨，短面板料700万元左右一吨，长面板料1000万元以上一吨；紫檀木中等统货原木80万元一吨；非洲黑鸡翅木大料5000元一吨。价格最低的鸡翅木与价格最高的香枝木相比，价差高达1000多倍。从红木原材料的价格中，可以先考虑好买哪种树、哪个价位的红木家具。如果讲颜色，黄色有香枝木、花梨木；黑色或近似黑色有紫檀木、黑酸枝木、条纹乌木、乌木、鸡翅木；红色有红酸枝木、白酸枝木。买哪种树的红木家具，既要根据个人的爱好，也要根据自己的财力，量力而行。另外还要弄明白自己要购买红木家具的动机，是要保值收藏还是要使用和装饰观赏。当然还要考虑购买者对红木了解的程度等。红木不便宜，便宜不是红木，好红木要有财力才能购买，否则要占用一大笔资金。对红木不了解，就难免会买到假红木，后悔莫及。

· 名称：仿古鸡翅木灵芝纹长桌
· 规格：188cm × 98cm × 83cm
· 最新市场参考价：6000 ~ 7000 元 / 张

· 名称：仿古红酸枝木洋花纹长桌
· 规格：208cm × 78cm × 83cm
· 最新市场参考价：40000 ~ 45000 元 / 张

第二要考虑红木家具的艺术造型、工艺水平、生产年代和生产量等。看艺术造型主要是观察款式、造型风格、神韵等，归结起来就是看美感。工艺水平主要是看木工、雕花工的精细水平、结构水平、牢固水平。买现代红木家具和仿古红木家具主要看生产量和年代早晚、价格高低和存世量。古典红木家具现存于世的非常少，大多数举世存一，独一无二。但仿古红木家具是批量生产的，一般数量都较多。现代的红木家具数量更多，要注意考察。一般买寡不买众，生产量越多越不值钱，生产量越少越值钱。

第三要考虑真假。近几年高仿红木家具逐步走俏，在云南、广西的边境城市和上海、北京、福建仙游等地皆涌现出不少信誉好、专门制作国标红木家具的厂家。这些工厂制作的红木家具，工艺水平高，材料真，选料上乘，有收藏价值。从这些厂家购买的红木家具是买一分值一分，较为可靠。但受利益的驱使，市场上做旧、作假的厂家、销售商也出现了很多，这些黑心厂家、商家专做坑人事，专门制作假红木家具和非洲亚红木和非红木家具，赚取黑心钱，蒙骗坑害了不少缺乏红木知识的消费者、收藏者和爱好者。

· 名称：仿古黑酸枝木万字锦纹长桌
· 规格：163cm × 67cm × 86cm
· 最新市场参考价：40000 ~ 45000 元 / 张

笔者在一位高级领导家中，就看到一套用印茄木做的战国沙发八件套，购买价85000元，销售商是按红酸枝木家具卖出的，真正价值不过8000元，这位领导还见人就夸奖这套家具如何如何好，根本就不知道是假红木家具。笔者考察了中西部地区的好几个家具市场、古玩市场，做真红木家具的寥寥无几，绝大多数商家卖的都是非洲假红木家具或亚红木家具。就连缅甸、越南、柬埔寨产的花梨木家具，市场上都鲜少有售，红酸枝木家具就更难见到了。有些叫卖为红酸枝木家具的，是用不属于红木的俗称为非洲酸枝和南美酸枝的木材制作。做旧红木家具也较多，真假难辨，鱼目混珠，极其混乱。还有的不法奸商把非洲红皮铁树这种杂木称为海南黄花梨，把分量重的杂木制为“做旧”家具当做紫檀木家具叫卖，常常听到把红铁木豆推销为红酸枝木，把褐榄仁叫做黑紫檀。整个中西部地区的红木家具市场混乱不堪。

用国标33种红木制作的红木家具都属于高档红木家具，红木家具属于奢侈品，从古至今奢侈品一向为上层人士所拥有，平民百姓无力问津，可以说自古以来购买使用红木家具就是地位、财富、身份、品位和文化素质的象征。然而，购买使用非洲亚红木、假红木制作的红木家具就恰恰相反了，在懂行的朋友面前，这些家具则会大大丢主人的面子。

红木知识

3.2. 红木家具收藏三忌

一忌：一口吃成胖子。收藏应该注意一个误区，片面追求收藏价格狂升的明清红木家具，指望一口吃成胖子。明清的家具分为黑、黄、红、白四类，而黑、黄、红三类为红木家具，白为杂木类家具。明清红木家具香枝木、紫檀木、红酸枝木占多数，这些红木家具一般都保存在宫廷内，流传民间社会上较少。特别是近些年大量古典红木家具外流，存留民间的少之又少，要收藏到一件明清红木家具，谈何容易。所以说追求那种一开始收藏就能抓到一件明清价值极高的红木家具，是不现实的。往往也会因此而走入死胡同，买到做旧和作假的家具。现代仿制的红木家具是市场上的主流。只要是高仿而不是做旧家具和假红木家具；只要艺术造型好，工艺精湛，做工讲究而不是粗制滥造；只要价格合理而不是高得离谱就可以购买收藏，高仿的红木家具同样具有巨大的升值空间，同样有收藏价值。

二忌：指望一锄头挖个金娃娃。收藏仿制红木家具一是不可能贷款收藏，必须有宽松闲散的资金，需要长期等待，不可能今年收藏，明年就翻倍，指望一锄头就挖个金娃娃。现在的黑酸枝木、红酸枝木、条纹乌木、乌木、花梨木、鸡翅木的价格虽然每年都在不断上涨，但涨幅最大还是近几年，这些红木在短短几年内翻了几倍，形成这样的增长有很多因素。这些木材，特别是黑酸枝木、红酸枝木不久的将来也许会成为现在的香枝木、紫檀木一样珍贵的木材，但这个“不久”也许是五年，也许是五十年或者更长时间，不是马上就来到，所以要有良好正确的心态，等待等待再等待。现在购买收藏红木家具，不要单一为了收藏，要把使用、装饰、欣赏放在同一需求水平线来购买、收藏。

三忌：一天就想成专家。有些人会不懂装懂，懂点皮毛就狂称为专家，这种想法在收藏红木家具界肯定要吃亏。鉴定红木家具，首先是要懂树种。懂树种没有几年工夫达不到一通百通境界。如，国家认可的红木有33种，每一种又有几个产地，每个产地的木材又因土壤、气候、阳光照射的差异而不同，不是从事红木行业的研究者、生产商、销售商，就凭几天在书上、网上和图鉴里见到的几种、几件红木家具，就想把二科、五属、八类、33种红木搞得滚瓜烂熟，那完全不可能，没有实际经验的积累就远远达不到鉴定红木真假的水平。其次要有古典红木家具和现代仿古红木家具的基本知识。如弄不懂红木家具艺术造型、工艺水平、生产年代、存世量、发展过程等知识，就无法搞清是古典还是现代高仿、做旧红木家具，就无法搞清是真红木还是假红木，也同样搞不清是好材还是劣木、价格是高还是低。不懂装懂，懂一点就购买收藏只会交学费，而且也许会血本无归，元气大伤。再次要有良好的心态，多学、多看、多转、多问，不能急于求成。

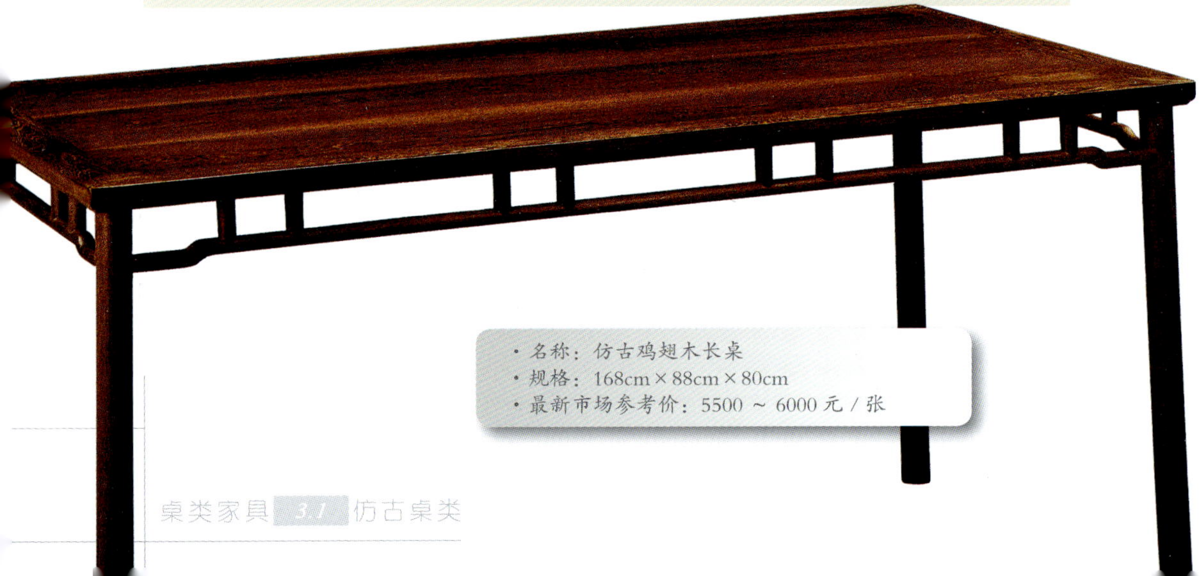

· 名称：仿古鸡翅木长桌
· 规格：168cm × 88cm × 80cm
· 最新市场参考价：5500 ~ 6000 元 / 张

· 名称：仿古红酸枝木长桌
· 规格：158cm × 68cm × 86cm
· 最新市场参考价：25000 ~ 30000 元 / 张

红木知识

3.3. 不同树种的红木家具价格悬殊较大

不同树种的红木家具价格相差很大。红木家具价格是由制作年代、稀有性、完整性、材质、艺术性、工艺性等决定。根据树种、材质的优劣和市场上红木原材的交易价格，红木家具价格从高到低的排序为：香枝木、紫檀木、黑酸枝木、红酸枝木、条纹乌木、乌木、白酸枝、花梨木、鸡翅木。明清的红木家具主要为宫廷使用的家具和达官贵人使用的家具。在中国封建社会一般富人、地方官僚使用的大多是白木（杂木）家具，也就是榉木、榆木、柏木和核桃木这几种木材制作的家具。香枝木和紫檀木这两种树种的家具，在明清红木家具排行榜中，由于树种、材质、艺术性和工艺性的差别，价格也有一定差距。但香枝木一直是占据明清红木家具排行榜之首。2011年以前，市场上的原材价格一直是海南香枝木第一，越南香枝木第二，紫檀木第三，黑酸枝木和红酸枝木第四，条纹乌木、乌木第五，白酸枝木、花梨木第六，鸡翅木第七。越南香枝木2004年前，价格比紫檀木便宜，2007年5月后价格猛涨，同水平、同材质的越南香枝木价格要比紫檀木价格高五至十倍。价格排列最后的是鸡翅木，红木中鸡翅木家具最便宜。红木家具价格用普通皇宫椅三件套为例（最新参考价）：越南北部黄花梨为250000 ~ 300000元一套；越南南部黄花梨为160000 ~ 200000元一套；鸡翅木只是3500 ~ 4000元一套；紫檀木为90000 ~ 130000元一套；黑酸枝木、红酸枝木为19000 ~ 25000元一套；条纹乌木13000 ~ 14000元一套；白酸枝木、花梨木8000 ~ 9000元一套。

· 名称：仿古红酸枝木灵芝纹方桌
· 规格：98cm × 98cm × 83cm
· 最新市场参考价：25000 ～ 30000 元 / 张

○ 方桌

四边长度相等的桌子称为方桌。方桌有大小之分，大的称八仙桌可坐八人，小的称小八仙桌或小方桌。常见有一腿三牙方桌，霸王枨方桌和罗锅枨方桌。方桌有些也带束腰，四腿通过束腰支撑桌面，四腿的里侧用霸王枨与桌面里的穿带连接，既起到支撑桌面的作用，又固定了四足。常见的还有罗锅枨束腰方桌，是有束腰的一种桌类。最普遍的做法是凡有束腰的底足都做成内翻马蹄或外翻马蹄，四足没有侧脚和收分，而且都用方腿。供打牌和下棋的称棋桌，因是方形的，也归为小方桌、小方几。

· 名称：仿古花梨木方桌
· 规格：98cm × 98cm × 86cm
· 最新市场参考价：10000 ～ 11000 元 / 张

· 名称：仿古鸡翅木方桌
· 规格：98cm × 78cm × 78cm
· 最新市场参考价：5500 ～ 6000 元 / 张

· 名称：仿古鸡翅木方桌
· 规格：80cm×80cm×83cm
· 最新市场参考价：4000 ~ 4500 元 / 张

红木知识

3.4. 仿古红木家具升值快，有较好的收藏前景

古典红木家具具有文化价值、历史研究价值、使用价值、享受价值、收藏价值、投资价值、装饰价值和观赏价值，这是任何家具、任何古董都无法相比的。随着古典红木家具价格狂飙高涨，仿古红木家具中的“高仿”红木家具也不断升温，成为收藏、投资的热门项目。以仿清的一套五件中型沙发为例：2004年前香枝木口岸价为20000元/套左右，2012年已攀升到2000000~2600000元/套。2004年前紫檀木口岸价为60000元/吨左右，2012年已攀升到了800000元/吨。2004年前黑酸枝木、红酸枝木口岸价为18000元/吨左右，2012年也升到了80000~100000元/吨。2004年前白酸枝木、花梨木口岸价为9000元/吨左右，2012年升到了23000元/吨。条纹乌木、乌木2004年前口岸价为15000元/吨左右，2012年到了60000元/吨。缅甸鸡翅木2004年前为6000元/吨左右，2012年升到

了15000元/吨。在以上九类红木家具中，升值最大为香枝木家具，其次是紫檀木、黑酸枝木、红酸枝木，白酸枝、花梨木、乌木、条纹乌木和鸡翅木家具相对升得少一些，但也都将近翻了三番。古典红木家具收藏前景固然最好，但数量有限，只减不增，加之近几年又不断外流，很难收藏到真品。随着红木资源逐渐枯竭，高仿红木家具价格也将不断攀升，因此，高仿古典红木家具也有着较好的收藏前景。

· 名称：仿古鸡翅木夔凤纹方桌
· 规格：80cm × 80cm × 83cm
· 最新市场参考价：4000 ～ 4500 元 / 张

· 名称：仿古鸡翅木螭纹方桌
· 规格：80cm × 80cm × 83cm
· 最新市场参考价：4000 ～ 4500 元 / 张

· 名称：仿古红酸枝木九龙纹圆桌
· 规格：168cm × 86cm
· 最新市场参考价：80000 ~ 85000 元 / 张

○ 圆桌

古代的圆桌一般是厅堂中常用的家具，多为一桌配五圆凳或五墩组成。圆桌的用途是待客、会客和宴饮，因此圆桌组装、活动的较多，经常需要拆开、迁移和保存。有的圆桌采用独脚立柱式，下装活动轴，可活动，极适合在厅堂中招待宾客，既方便实用，又美观大方。清代的圆桌大多为两张半圆桌拼成，有整面的折叠圆桌和独脚圆桌等。也有四脚圆桌，四脚圆桌有直脚束腰型和不束腰型，有三弯腿束腰和无束腰。由于圆桌使用方便，到民国时，已成为一种时尚家具，种类发展较多，较丰富。

红木知识

3.5. 如何收藏红木家具

红木家具收藏应分为两大类。一类是古典红木家具，另一类是仿古红木家具。古典红木家具的收藏应具有五大要素：一要有知识。收藏是一种专业性、学术性和实践性很强的科学鉴赏活动，收藏者不仅需要了解藏品的一般专业知识，要熟知掌握藏品的来龙去脉，而且还要研究藏品的文化内涵、科学价值等。要达到这样的高度，没有一定的古典文化功底和相应的知识水平肯定不行。能流传四五百年的明清红木家具十分珍贵，现存于世的有些是完整保存的，有些是用几件拼凑的，有的是用一些零星部件拼装的，市场上还有不少是高仿、做旧和杂木作假家具，所以没有一定的专业知识水平和鉴定能力，无法收藏到物有所值的好东西。二要有胆量。在市场竞争相当激烈的今天，古典家具的收藏也是同样面临着高风险考验，要想收藏到精品、珍品，没有超前意识，没有足够的胆量和敢于冒风险的精神不行。三要有运气和缘分。古典红木家具的收藏可遇不可求，要善于把握时机，创造条件，寻找机遇。要多到古玩市场走一走，转一转，多看，多见，遇上好东西的机会就增大了。四要有一定的经济实力。五要有法制观念。文物乃国家和民族的共同财富，从事收藏活动者一定要知法、懂法、守法。我们收藏的最终目的还是为了收集、整理、研究、保护和弘扬民族文化。一个真正的收藏家必须是一个爱国主义者，必须是依法收藏，尽力保护好文物。

仿古红木家具的收藏也要具备三大要素：一要懂红木家具。所谓仿古红木家具，即仿明清红木家具。是工匠师们继承了明清以来红木家具的造型艺术、制造技艺，用上好、坚硬、细密、色泽优雅、纹路华美的国标红木制作、生产和销售的红木新家具。这些年来，因红木原材料成倍上涨，这类高仿的仿古红木家具价格也很高，如果没有较高的古典文化水平和红木专业知识，不懂得红木家具的来龙去脉，无法收藏到好东西。所谓懂红木家具，必须是懂得明清家具的艺术造型、工艺制作等。工艺水平包括雕刻手法、图饰纹饰、线条装饰、榫卯结构、脚腿连接等。二要懂得红木的真假。现在市场上的红木家具用材极其混乱。紫檀木用卢氏黑黄檀、东非黑黄檀、黑酸枝木、深褐红酸枝木冒充。香枝木用花梨木的根部料、缅甸白酸枝木和俗称非洲黄花梨、学名为红皮铁树的杂木冒

- 名称：仿古黑酸枝木圆桌七件套
- 规格：118cm × 83cm
- 最新市场参考价：80000 ~ 85000 元 / 套

· 名称：仿古鸡翅木圆桌
· 规格：128cm × 83cm
· 最新市场参考价：5500 ~ 6000 元 / 张

充。花梨木家具则用非洲假花梨和亚花梨冒充。条纹乌木用阿诺古夷苏木和褐榄仁冒充。鸡翅木用的则是气干密度远远达不到《红木》国家标准规定的黄鸡翅木代替。而且现在作假不光在工厂的生产环节，已经上升到卖料的源头。例如紫檀木，不法木材商贩将非洲和东南亚比较近似的便宜的卢氏黑黄檀、东非黑黄檀、黑酸枝木、深褐红酸枝木运到真材料出产地掺混着出售，不少没有警惕和没有较高红木识别水平的购买商上了当，出大价没有买到真紫檀木。有的假木头运到了红木加工厂，连买料商和加工厂的老板都还搞不清真假，形成假卖假买假加工假销售的一条“假龙”。所以说购买、收藏者没有一定识别、鉴别能力，很难买到真东西和有价值的东西。收藏者在搞不清的情况下，可找懂行人帮助鉴别，也可以到信誉良好的厂家和商店去订购和购买。三要懂得市场行情。影响红木家具的价格因素，不仅是真假，不同树种的差价很大，材质优劣差异也不小。真红木与假红木直接决定红木家具的有价值或无价值问题，但决定红木家具价格高低的因

· 名称：仿古黑酸枝木圆桌七件套
· 规格：118cm × 83cm
· 最新市场参考价：80000 ~ 85000 元 / 套

素还是树种和材质问题。如香枝木家具价格比紫檀木家具价格高；紫檀木家具价格比黑酸枝木、红酸枝木家具价格高；黑酸枝木、红酸枝木家具价格分别比条纹乌木、白酸枝木、花梨木、鸡翅木家具价格高。在同一种木材中，因产地不同、生长环境不同价格差别也很大。比如，紫檀木就只有一种，学名为檀香紫檀，业内俗称小叶紫檀。市场上俗称的大叶紫檀与小叶紫檀本来是生长环境不同的差异，并非两种木材。但是，现在市场上推销成两种木材，这显然是个错误。小叶紫檀是自然生长在野外的野生紫檀木，大叶紫檀是在缅甸、印度接壤的平原土地肥沃地带人工种植的紫檀木。人工种植的紫檀，因为地肥水足，阳光充沛，施肥又多管理又好，生长较快，树叶普遍比野生紫檀木树叶大，所以产地林农把它叫为“大叶紫檀”。人工种植的大叶紫檀因木质差，价格也比野生小叶紫檀相差一到二倍。红木家具即便是真树种，也不能忽视材质问题。红木家具如果白边料多，虫眼多，补洞多，裂材多即便是真树种，也属于材质较差的红木家具，价格就大打折扣。白边和髓芯木的寿命相差很大，特别是鸡翅木的白边料最糟糕，五年就腐烂了，但鸡翅木的髓芯木四五百年都还很好。髓芯木是红木的树芯材，也叫死细胞。用红木的髓芯木制作的家具才能叫做红木家具，用红木的白边制作的家具就不能叫做红木家具。

· 名称：仿古黑酸枝木圆桌五件套
· 规格：138cm × 86cm
· 最新市场参考价：85000 ~ 90000 元 / 套

3.6. 怎么“淘”红木家具

红木家具有广义和狭义之分，这里指的是狭义的红木家具。明清时期长江三角洲习惯称红酸枝木制作的家具为红木家具。所以，现在家具行业也习惯称黑酸枝木、红酸枝木为红木家具或老红木家具。

首先要鉴定老新红木区别。家具行业称为老红木的是生长在越南、柬埔寨、老挝一带的巴里黄檀、交趾黄檀，也叫紫酸枝或老红酸枝。新红木则是指缅甸、老挝产的奥氏黄檀，也称白酸枝、黄酸枝或花酸枝。在国家《红木》标准里，白酸枝木包含在红酸枝木中，白酸枝木量大，木质也很好，只是颜色同老红木确实有区别。红酸枝木褐深红或透褐红，木质坚硬、细密，气干密度达1g/cm^{3}以上，同紫檀木十分近似。有人还说黑酸枝木、褐黑红酸枝木为造假者提供了假紫檀木的绝好冒充原材。浅色新红木同花梨木十分近似，色黄而红，有褐色和黑色纹路。新红木与花梨木的区别：新红木密度更大，有褐色和黑色纹路；花梨木有交织纹路，但没有褐色和黑色纹路，木质更轻，色更浅。

其次看款式。红木家具中有明式、清式和中西式。明清时期红木家具是全国各地选拔出来的优秀工匠和宫廷文人、艺术家共同研制的红木家具。这一时期工匠们超水平发挥出自己的聪明智慧，制造出许许多多艺术水平极高、规格款式多样的红木家具。可以说，明清红木家具把中国红木家具推到了空前绝后的登峰造极时期。直至今日，红木家具还没有完全从明清的造型、结构、款式、装饰、雕刻中完全脱胎换骨出来，无论如何发展，都有明清红木家具的影子，并没有质的飞跃。

三是看生产工艺。主要看榫卯结构水平、拼缝水平、雕工水平等。当然还要看木质好坏，如面板是一块板还是几块板。台面最好为一块板，两块板次之，如果是四五块板拼成就属于低级红木家具了。

第二节 现代桌类

现代桌类家具多姿多彩，款式十分丰富。有仿古式、仿欧式、现代时尚式，可以说琳琅满目，数不胜数。但归纳起来就是三大类，即：长方桌、方桌和圆桌。长方桌、圆桌主要为餐厅使用，方桌主要为棋牌桌、休闲桌、茶桌和客厅中堂桌等。长方桌一般配六把椅子，称为七件套方桌。长方桌通常把主椅与客椅分开来制作，一般为两把主椅四把客椅。区别是主椅加了扶手，而客椅未加扶手。圆桌一般配八把椅子，称为九件套圆桌。在圆桌中，也有椭圆和半圆两种。

- 名称：现代花梨木长方桌七件套
- 规格：168cm×88cm×83cm
- 最新市场参考价：25000 ~ 35000 元 / 套

· 名称：现代花梨木长方桌七件套
· 规格：168cm×88cm×83cm
· 最新市场参考价：25000 ~ 35000 元 / 套

· 名称：现代鸡翅木长方桌七件套
· 规格：168cm×88cm×83cm
· 最新市场参考价：15000 ~ 20000 元 / 套

· 名称：现代紫檀木镶香枝木长方桌七件套
· 规格：168cm×88cm×83cm
· 最新市场参考价：900000 ~ 1300000 元 / 套

· 名称：现代紫檀木长方桌七件套
· 规格：168cm × 88cm × 83cm
· 最新市场参考价：600000 ～ 1000000 元 / 套

○ 长方桌

长方桌发展到现代款式、种类已很多，已成为主要的餐桌之一。现代的长方桌大的长180厘米，配八个椅子，小的长160厘米，配六个椅子。现代的长方桌国标33种红木都有制作，有雕刻多的，也有不雕刻、只用圈线纹修饰的。普通长方桌多数用白酸枝木、花梨木和鸡翅木制作。高档豪华的才用香枝木、紫檀木、黑酸枝木、红酸枝木、条纹乌木和乌木制作。

· 名称：现代红酸枝木长方桌七件套
· 规格：168cm × 88cm × 83cm
· 最新市场参考价：80000 ～ 90000 元 / 套

· 名称：现代红酸枝木长方桌五件套
· 规格：148cm×88cm×83cm
· 最新市场参考价：60000～70000元/套

红木知识

3.7. 判断木雕的收藏价值

木雕作品的价值要从几方面来判断：首先，作品本身在时空点上与历史事件是否有过碰撞，如果一件木雕作品有故事，有渊源，打上了历史烙印，自然收藏价值就高。其次，木雕要依据材料本身特有的天然色泽形状或纹理方向，巧加雕琢，七分天成，三分雕刻。再次，木雕对保存环境、温度、湿度和通风的要求很高，保存很不容易。木雕的价值高低，主要看木雕品相保存的完整性。如果磨损过大，有脱落和碰掉的现象，价值就不高。最后，雕刻要归类。木雕工艺雕刻方法主要有八种，即平雕、浮雕、透雕、贴雕、嵌雕、圆雕、毛（凹）雕、综合雕。雕刻不归类就不伦不类，没有多少收藏价值。雕刻水平也要高，雕刻水平是衡量一件木雕价值高低的尺子，雕工精细价值高，反之价值就低。

· 名称：现代鸡翅木长方桌七件套
· 规格：168cm×88cm×83cm
· 最新市场参考价：18000～23000元/套

- 名称：现代红酸枝木长方桌七件套
- 规格：178cm×88cm×83cm
- 最新市场参考价：70000 ~ 85000 元 / 套

红木知识

3.8. 红木、非红木和亚红木树种优劣、价格高低排列

明清家具用材、树种和价格由高到低依次排列为：

香枝木——紫檀木——红酸枝木——乌木——花梨木——鸡翅木——铁力木——榉木——楠木

现代仿古红木家具用材、树种和价格由高到低依次排列为：

海南香枝木——越南北部香枝木——越南南部香枝木——野生紫檀木——人工种植紫檀木——黑酸枝木——红酸枝木——条纹乌木——乌木——白酸枝木——花梨木——鸡翅木

现代非红木和亚红木家具用材、树种和价格由高到低依次排列为：

维腊木（俗称“绿檀香”）——伯克苏木（俗称“南美酸枝”、“非洲酸枝”、“红贵宝”、“巴里桑”）——红铁木豆（俗称“小叶红檀”）——铁线子（俗称“大叶红檀”）——阿诺古夷苏木（俗称“黑紫檀”）——榄仁、爱里古夷苏木（俗称“黑紫檀”）——古夷苏木（俗称“巴花”）——螺穗木（俗称“非洲檀香木”）——红皮铁树（俗称“非黄”或“猪屎木”）——非洲紫檀(俗称“非洲红花梨”)——安哥拉紫檀（俗称“高棉花梨”）

红木知识

3.9. 红木家具行话

“大开门”——无可争议的真货。

“爬山头”——修补过的老家具。

“叉帮车”——几件拆拼组装的老家具。

“生辣”——指老家具具有较好成色。

“包浆”——老家具经过汗渍渗透和手长久摸擦，古典红木家具木质表面呈现出的角质一样的透亮。

“皮壳”——老家具原本的漆皮。

“做旧”——现代用新木材、杂木人为制作的仿旧古典家具。

“吃药”——买进假家具。

“坑子货”——制作粗糙和材质不好的家具。

“鬼脸”——香枝木、红酸枝木表面的活结、瘤结形成的脸状圈纹。

“生漆”——红木家具表面上的油漆是纯天然的树脂漆，上这种漆透底、透纹和透本色，而且没有有害化学物质。

“虎皮纹”——香枝木、红酸枝木、鸡翅木板面上如同老虎脸一般的复杂花纹。

“高仿”——用真红木制作，工艺精湛，造型同明清家具基本一样，具有一定古典家具神韵的仿古典红木家具。

“水波纹”——木材的面板花纹像水波、流水或瀑布一般的花纹。

“金包银”——复合红木家具。表面粘一层1厘米左右的上好切片红木，里边的木材为普通杂木或拼接红木。

· 名称：现代红酸枝木长方桌七件套
· 规格：168cm × 88cm × 83cm
· 最新市场参考价：90000 ~ 100000 元 / 套

· 名称：现代红酸枝木长方桌七件套
· 规格：168cm × 88cm × 83cm
· 最新市场参考价：70000 ～ 80000 元 / 套

· 名称：现代红酸枝木长方桌七件套
· 规格：168cm × 88cm × 83cm
· 最新市场参考价：80000 ～ 90000 元 / 套

· 名称：现代紫檀木长方桌七件套
· 规格：168cm × 88cm × 83cm
· 最新市场参考价：600000 ～ 700000 元 / 套

· 名称：现代红酸枝木长方桌七件套
· 规格：168cm×88cm×83cm
· 最新市场参考价：75000 ～ 80000 元 / 套

· 名称：现代黑酸枝木长方桌七件套
· 规格：148cm×88cm×83cm
· 最新市场参考价：90000 ～ 100000 元 / 套

- 名称：现代红酸枝木茶桌六件套
- 规格：80cm × 80cm × 73cm
- 最新市场参考价：65000 ~ 75000 元 / 套

- 名称：现代花梨木休闲方桌五件套
- 规格：80cm × 80cm × 73cm
- 最新市场参考价：7500 ~ 9500 元 / 套

· 名称：现代红酸枝木棋茶两用桌
· 最新市场参考价：8000 ～ 10000 元 / 个

○ 方桌

现代方桌主要有棋牌桌、休闲桌、茶桌和客厅的中堂桌等，用作餐桌的不多。棋牌桌、休闲桌、茶桌主要配三角椅、平头凳、小靠背椅等。现代方桌面板下大多加了抽屉和放茶杯的移动木夹，有的还把下脚四柱改成一个立式方木柜，内可存放棋、牌、麻将、茶具等。

· 名称：现代红酸枝木方茶桌五件套
· 规格：80cm × 80cm × 60cm
· 最新市场参考价：30000 ～ 35000 元 / 套

· 名称：现代花梨木扇形茶桌六件套
· 规格：80cm × 80cm × 70cm
· 最新市场参考价：18000 ~ 20000 元 / 套

· 名称：现代红酸枝木方桌五件套
· 规格：80cm × 80cm × 60cm
· 最新市场参考价：35000 ~ 40000 元 / 套

○ 圆桌

圆桌是现代家庭的主要餐桌之一。形体与古典的圆桌基本相同，只是下脚变化较多。底座有叶片盘式、独脚式、六脚式、四脚式等。较大的独脚圆桌圆脚上多加了霸王枨和柱枨。现代圆桌的特点：一是少雕刻，只在桌面下沿和椅子靠背上有少许雕刻，多用线条装饰。二是高大，件数多，面上往往还加一个同木质的可移动转盘。大圆桌有160厘米和150厘米，配12个或10个椅子。中圆桌有135厘米和130厘米，配8个或7个椅子。小圆桌有125厘米和120厘米，配6个或5个椅子。现代圆桌的椅子款式较多，椅子的款式主要根据圆桌的款式、风格、工艺配套设计制作。

- 名称：现代越南北部香枝木圆桌九件套
- 规格：138cm×83cm
- 最新市场参考价：3000000 ~ 3800000 元 / 套

- 名称：现代红酸枝木玫瑰纹圆桌九件套
- 规格：158cm × 83cm
- 最新市场参考价：190000 ~ 230000 元 / 套

• 名称：现代红酸枝木圆桌九件套
• 规格：168cm × 80cm
• 最新市场参考价：130000 ～ 150000 元 / 套

· 名称：现代红酸枝木圆桌九件套
· 规格：138cm × 83cm
· 最新市场参考价：80000 ~ 90000 元 / 套

· 名称：现代紫檀木嵌红酸枝木圆桌九件套
· 规格：128cm × 83cm
· 最新市场参考价：500000 ~ 600000 元 / 套

· 名称：现代红酸枝木圆桌九件套
· 规格：138cm × 83cm
· 最新市场参考价：80000 ～ 90000 元 / 套

红木知识

3.10. 现代别样的红木家具

红木家具有古典、仿古和现代三类。古典主要为四五百年前的明清红木家具。仿古主要为近代仿制的明清红木家具。现代主要是用红木制造的现代流行款式的红木家具。

现代红木家具有三大类，即工艺家具、实用家具、软体家具。现代红木家具，从木工、雕工来论，崇尚线条美，少雕花或不雕花，以线条装饰为主。如书柜、书桌、沙发、套房既继承了明式家

· 名称：现代红酸枝木茶桌七件套
· 规格：138cm × 83cm
· 最新市场参考价：70000 ～ 80000 元 / 套

具的结构方法，又吸取了广式、苏式、京式和欧式家具的风格，而且去粗取精，去丑取美，把古典红木家具与现代生活紧密结合起来，弘扬了民族文化，又把红木家具推向了新阶段。

- 名称：现代红酸枝木鼓凳圆桌五件套
- 规格：108cm×80cm
- 最新市场参考价：35000 ~ 40000 元 / 套

现代红木家具是美学、力学和实用的三大结合体。现代红木家具归纳起来，有四个结合：一是木材与玻璃结合，即用木头做主干或支架，板面装玻璃。二是木材与皮棉结合，主要是仿欧式的沙发，用红木做支架和靠背边框，坐板、背心用真皮或棉料制作。三是木材与石材结合。古代也有红木家具嵌大理石板，但现在的镶石红木家具是现代款式，而且采用多样石材来做。四是木材与铁艺结合。总之，现代的红木家具突出舒适性，人具结合，既美观又实用，越来越受到广大用户的欢迎。

- 名称：现代条纹乌木休闲圆桌三件套
- 最新市场参考价：10000 ~ 13000 元 / 套

· 名称：现代红酸枝木六角桌五件套
· 规格：118cm × 80cm
· 最新市场参考价：35000 ～ 40000 元 / 套

· 名称：现代黑酸枝木圆桌十一件套
· 规格：128cm × 83cm
· 最新市场参考价：100000 ～ 130000 元 / 套

· 名称：现代花梨木圆桌五件套
· 规格：108cm × 80cm
· 最新市场参考价：15000 ~ 20000 元 / 套

· 名称：现代红酸枝木圆桌七件套
· 规格：128cm × 80cm
· 最新市场参考价：70000 ～ 80000 元 / 套

· 名称：现代花梨木圆桌九件套
· 规格：138cm × 83cm
· 最新市场参考价：25000 ～ 30000 元 / 套

· 名称：现代鸡翅木圆桌五件套
· 规格：108cm × 80cm
· 最新市场参考价：6000 ～ 8000 元 / 套

· 名称：现代红酸枝木圆桌七件套
· 规格：128cm × 83cm
· 最新市场参考价：70000 ～ 80000 元 / 套

第四章 书房套类家具

第一节 仿古书柜和仿古书桌类

· 名称：仿古红酸枝木山水人物图柜格（书柜）
· 规格：122cm × 39cm × 203cm
· 最新市场参考价：35000 ～ 40000 元 / 个

○ 书柜

书柜在古典家具中称“书格”或“书阁”，即存放书籍的架格，是书房必备家具。古典书格上段大多不装门，四面均透空、敞开，只在每层抬板的两端和后背装上半截和整块栏板、栏杆，作用是拦住书籍不掉落。书格中段有抽屉，安放文具用品。下段有门，内有层隔板，放不常用或重要书籍。也有全部上下段都无门，都做成台板装书，为了牢固和使用方便，中段还是用抽屉相连。民国后的书格后板基本装满栏板或栏杆，两侧也装满栏板或栏杆。书格大多为下柜上架式，即下为柜，柜内有二至三层台板，主要存放重要的书及古玩，有两扇门。上有三至四层，不做门，做成木框或玻璃门，主要存放一般书籍或常用书籍。下柜上架之间有两个抽屉，可放纸墨笔等文具用品。清代这种家具很兴盛，款式也较多。清代后的门大多雕有花卉纹、双云龙纹和双凤纹等。清式书格形体变化也很多，整体造型错落有致，具有较高的艺术性。明清的书格较普遍。清代书格雕刻精美，华丽至极。明式书格精美，一般不雕刻花纹，只用线圈装饰，造型简练，凸显木质的光洁纹理。

- 名称：仿古花梨木品字栏杆架格（书柜）
- 规格：98cm × 48cm × 196cm
- 最新市场参考价：18000 ～ 25000 元 / 组

- 名称：仿古花梨木栏杆架格（书柜）
- 规格：98cm × 48cm × 196cm
- 最新市场参考价：16000 ～ 23000 元 / 组

- 名称：仿古红酸枝木架格（书柜）
- 规格：98cm × 48cm × 196cm
- 最新市场参考价：55000 ～ 60000 元 / 组

· 名称：仿古红酸枝木书柜
· 规格：106cm×48cm×168cm
· 最新市场参考价：18000 ～ 20000 元 / 个

· 名称：仿古红酸枝木多用格
· 规格：98cm×48cm×196cm
· 最新市场参考价：60000 ～ 70000 元 / 组

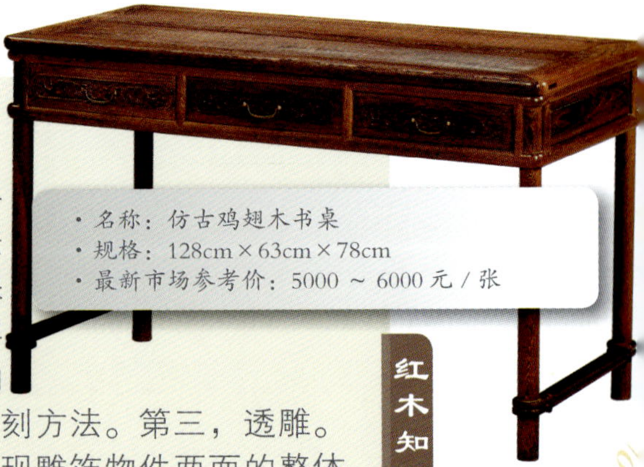

· 名称：仿古鸡翅木书桌
· 规格：128cm × 63cm × 78cm
· 最新市场参考价：5000 ～ 6000 元 / 张

红木知识

4.1. 常用的木雕技艺

木雕常用雕刻技艺有八种。第一，平雕。平雕是在平面上通过线刻或阴刻的方法表现图案的雕刻手法，雕花及整个平面保持平衡，常见的有：线雕、阴刻。第二，浮雕，也称落地雕和凸浮雕。是将图案以外的空余部分剔凿掉，从而使图案凸显出来的雕刻方法。第三，透雕。此种雕法使雕花有玲珑剔透之感，常用于表现雕饰物件两面的整体形象。第四，贴雕。贴雕是浮雕的改革雕法，常用于裙板、绦环板的雕刻。第五，嵌雕。另外雕出并嵌在花板上的雕刻法。第六，圆雕。就是立体雕刻的手法。第七，毛雕，也称凹雕。雕刻手法为向平面以下进行凹型的雕刻。第八，综合雕。几种手法同时在一个物件上使用。

○ 书桌

书桌在宋代开始出现。总的有画案、画桌、架几案三类。画案与画桌的区别在于，画桌宽而短，画案较长，也就是说在长方形的书画桌中，画桌更短，画案更长。架几案在清代较多，与画桌、画案相比，架几案更宽大，而且集画桌和画案为一身，更具实用性，更具美感。

画桌体积不大且便于移动，结构合理坚固耐用，可单独使用也可以和其他桌子并在一起使用。基本造型分为有束腰和无束腰两种。有弯腿、直腿或其他的多种样式。画案是专门用于铺纸作画的一种家具，一般为平头案，尺寸较宽大，所以画案不属于条案，也别于画桌。虽然画案与条案和画桌近似，但更长更宽，而且没有抽屉。既可书写也可以作画，是一案多用。架几案是清代后才兴起的，它的形体较大，画板较厚，其上可摆设大器物，殿宇中和宅第中厅堂常摆设这种家具。架几案由两个大方架和一块厚面板组成，有的带抽屉，也有的没有抽屉只有层隔。

· 名称：仿古红酸枝木书桌
· 规格：218cm × 90cm × 88cm
· 最新市场参考价：40000 ～ 50000 元 / 张

• 名称：仿古鸡翅木书桌
• 规格：199cm × 82cm × 82cm
• 最新市场参考价：8000 ～ 8500 元 / 张

4.2. 红木家具市场中的花梨木家具既假又乱

目前红木家具市场极其混乱，其中最乱的莫过于花梨木家具。毫不夸张地说，红木家具市场里卖的花梨木家具至少95%以上是非洲廉价的假花梨和亚花梨。但消费者到红木家具市场买红木家具时，没有哪家销售员会承认自己卖的是非洲假花梨或亚花梨家具，肯定都说自己的是缅甸、越南、柬埔寨和老挝花梨木家具或东南亚花梨木家具。这里面到底有什么奥妙呢?其实一说穿，消费者便明白了。国标七种花梨木中，非洲的花梨木只有一种归为国标红木，其学名为刺猬紫檀。由于非洲生长刺猬紫檀地区极其贫困，经过近十几年无节制的乱砍滥伐，刺猬紫檀已匮乏，现在大量充斥内地和沿海地区红木原材市场的几乎都是非洲假花梨和亚花梨。非洲的假花梨和亚花梨原材的价格只是以缅甸、柬埔寨、越南、老挝为代表的东南亚花梨木原材价格的七分之一，但是，非洲假花梨和亚花梨制作的家具在红木家具市场里，黑心商家的要价和卖价往往还高出东南亚花梨木制作的家具。非洲的假花梨和亚花梨因其气干密度远达不到花梨木国家标准（《红木》国家标准规定，花梨木木材含水率达12%时，气干密度要达到0.76g/m^{3}以上），业内称为亚花梨。虽然消费者雾里看花，水中望月，都蒙在鼓里，但黑心红木经销商个个都心知肚明，都知道非洲假花梨和亚花梨不属于国标红木。非洲假花梨和亚花梨与东南亚花梨木的价格相差甚远，夸张一点说，一个在天上，一个在地下；实在一点儿讲，一个属于红木，一个是假红木或亚红木。这些非洲假花梨和亚花梨家具给收藏者和消费者的伤害，同市场上某些假家具相比，有过之而无不及。

最好的花梨木其学名为越柬紫檀，也就是产自柬埔寨、越南和老挝的花梨木。最受市场欢迎的花梨木其学名为大果紫檀，即缅甸的花梨木。东南亚的花梨木在越南北宁原材市场和中国云南的瑞丽口岸市场，小料卖到15000~20000元/m^3，面板卖到25000~35000元/m^3。东南亚的花梨木近些年其终端销售地基本上都在越南北宁和中国云南的瑞丽口岸，极少流向内地和沿海地区的红木原材市场。

首先，沿海一带廉价的非洲假花梨和亚花梨铺天盖地供过于求。其次，非洲假花梨和亚花梨价格只是3000~5000元/m^3。而且非洲假花梨和亚花梨料很大，直径一般都在1米以上，长达5~10米，用其制作的家具直观还给人料好的感觉。再次，受铺天盖地的非洲假花梨和亚花梨的冲击，东南亚花梨木在内地和沿海地区红木原材市场上的售价远远还没有在越南北宁市场和中国云南瑞丽口岸的售价高。而且东南亚花梨木产量也越来越少，在越南北宁市场和中国云南瑞丽口岸就已供不应求，也就不会有木材商舍近求远了。非洲刺猬紫檀，由于近十几年过猛过度采伐，已快被砍光，在内地和沿海的原材市场上已很难看到。有些商家把刺猬紫檀与俗称的“非洲黄花梨”混为一谈乱卖，这是错误的。这两种树是截然不同的两个树种。刺猬紫檀属于国际红木，俗称的“非洲黄花梨”属于杂木。总之，只要是在内地和沿海地区制作的花梨木家具，都可以初步定为非洲假花梨或亚花梨家具。假花梨和亚花梨家具的价格还没有云南红西南桦制作的家具价格高。好的云南红西南桦枋材每立方米卖到6000元左右，远远高过非洲的假花梨和亚花梨的价格。

市场上常见的非洲假花梨有两种：一种俗称“非洲黄花梨”或“非黄”；另一种俗称“巴西花梨”或“巴花”。“非洲黄花梨”或“非黄”，不属于红木，也不是刺猬紫檀，其学名为红皮铁树。非洲本地人通常称它为“猪屎木”。这种木材极臭，家具店如果摆放了过多的“非洲黄花梨”家具，每天都得喷洒香水或放置很多果皮、吸味剂来吸臭，否则连销售员都会呼吸困难无法长待。“巴西花梨”或“巴花”其实也来自非洲，也不属于红木，是一种杂木，其学名为古夷苏木。

非洲亚花梨，市场上常见的有两种：俗称为“红花梨”和“高棉花梨”。“红花梨”学名为非洲紫檀，这种木头颜色为粉深红，完全不同于东南亚花梨木的颜色，很容易辨别。“红花梨”因气干密度达不到花梨木国家标准，最多只能归为亚花梨。“高棉花梨”学名为安哥拉紫檀，其纹路、颜色、味道同东南亚的花梨木几乎一模一样，因气干密度达不到花梨木国家标准，业内也把它归为亚花梨。“高棉花梨”与东南亚花梨木的区别不通过检测机构切片分析很难辨别出它的真假，一般消费者就更加无法分辨。这两种亚花梨为黑心红木商家赚大钱，但却坑害了不少消费者。这两种亚花梨同东南亚花梨木相比，最大的区别就是重量轻得多。但是有些黑心厂商往往在家具中灌进了水泥，要细心观察才能发现。

· 名称：仿古香枝木书案
· 规格：210cm × 65cm × 85cm
· 最新市场参考价：600000 ～ 700000 元 / 张

· 名称：仿古香枝木书案
· 规格：260cm × 65cm × 83cm
· 最新市场参考价：800000 ～ 900000 元 / 张

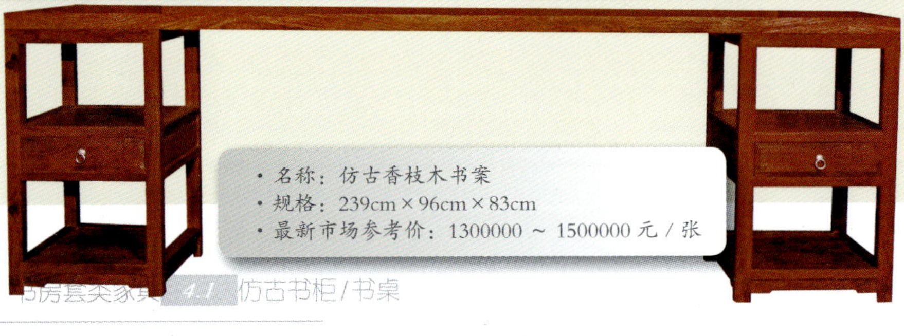

· 名称：仿古香枝木书案
· 规格：239cm × 96cm × 83cm
· 最新市场参考价：1300000 ～ 1500000 元 / 张

第二节

现代书柜和现代书桌类

· 名称：鸡翅木书柜
· 规格：98cm × 39cm × 196cm
· 最新市场参考价：6000 ~ 8000 元 / 个

○ 书柜

现代书柜区别于古典书柜的地方，一是加高加宽加厚。二是上下段都装门，通常上段用玻璃，下段用木板，中间都有抽屉。也有的通体整面都装玻璃，中间也不做抽屉。三是一般不雕刻，主要以圈饰线饰为主。发展到现代，书柜种类已相当多，用材也多种多样，但整体造型与古典书柜都有相似之处。现代书柜与古代书格从结构、形状上看没有多少区别。现代书柜特点是雕刻少，更简洁，更显木纹木质，更流畅美观实用。现代红木书柜大多数用白酸枝木、花梨木、鸡翅木加工制作。

- 名称：仿古红酸枝木书柜
- 规格：98cm × 39cm × 196cm
- 最新市场参考价：70000 ～ 80000 元 / 对

- 名称：仿古鸡翅木书柜
- 规格：98cm × 39cm × 196cm
- 最新市场参考价：11000 ～ 13000 元 / 对

· 名称：仿古鸡翅木书柜
· 规格：98cm × 39cm × 196cm
· 最新市场参考价：5000 ~ 7000 元 / 个

· 名称：仿古紫檀木书柜
· 规格：296cm × 39cm × 196cm
· 最新市场参考价：700000 ~ 900000 元 / 套

红木知识

4.3. 花梨木按木质可分为三类

第一类，国标红木中的上等花梨木，即越南、柬埔寨和缅甸产的越柬紫檀和大果紫檀。第二类，国标红木中的普通花梨木，即安达曼紫檀、囊状紫檀、印度紫檀、鸟足紫檀和刺猬紫檀。第三类，不属于国标红木的亚花梨，即非洲紫檀、安哥拉紫檀、安氏紫檀、药用紫檀、罗氏紫檀、刺紫檀、变色紫檀和堇色紫檀。第三类中的八种分别为市场上俗称的“非洲红花梨”、“非洲高棉花梨”和“非洲普通花梨”。由于木材气干密度远远达不到0.76g/cm^{3}的国家花梨木标准，其木质和价格与杂木差不多，故也被业内称为软花梨或亚花梨。

· 名称：仿古鸡翅木书柜
· 规格：128cm × 39cm × 196cm
· 最新市场参考价：6000 ~ 8000 元 / 个

4.4. 香枝木家具

· 名称：现代红酸枝木书柜
· 规格：280cm × 39cm × 196cm
· 最新市场参考价：110000 ～ 130000 元 / 组

香枝木纹路如行云流水，木色漂亮，纤维密度如石如玉，历来为明清宫廷贵族御用贡品，被国家列为一级珍稀濒危植物，是树木中的“大熊猫”。可以说香枝木是红木家具中最闪亮的璀璨明珠。

香枝木与紫檀木的辨别相比较为容易。香枝木的木纹比紫檀木更清晰，易辨，气味非常独特，有辛酸香味而且很浓。而紫檀木的味很少，纹路不明显，难以识别。有三种树种与香枝木相近：一种是花梨木，特别是树龄百年以上的花梨木根部材很相似；另一种是缅甸的色偏黄白的白酸枝木；还有就是被市场称为“非洲黄花梨”的非洲杂木“红皮铁树”。花梨木的气干密度只在0.80g/cm^{3}左右，虽然色泽、纹路与香枝木有点相像，但一看密度和花梨木特有的交织纹，一掂分量，闻一闻气味就能识辨出真假。有些人说越南香枝木和海南香枝木不一样，这种说法是错误的，实际上就木质而言没有本质区别，几乎一模一样。海南野生香枝木在20世纪80年代中期后就没有新材采伐，只有零星树根和老料、旧料在市场上出售。然而，时间太久的老料由于表面氧化腐蚀较深，色泽沉而黑，纹路模糊，没有越南北部新采伐的香枝木制作的家具那样色泽鲜美漂亮。所以现在用越南北部香枝木制作的家具是普遍认可的高档顶级香枝木家具。现在中国市场上的新做香枝木工艺品和家具，无论颜色深或浅，重量轻或重，实际上99%以上都是用越南香枝木制作。用越南香枝木制作的家具有仿明和仿清的各式沙发、餐桌、大床、书桌、顶箱柜、罗汉床、皇宫椅、太师椅、交椅、圈椅、官帽椅、大型工艺品等。

· 名称：现代红酸枝木书柜
· 规格：298cm × 39cm × 198cm
· 最新市场参考价：100000 ～ 120000 元 / 套

红木知识

4.5. 鸡翅木和鸡翅木家具

鸡翅木为豆科，崖豆木属和铁刀木属。因木材斜切面纹理有鸡翅型花纹而得名。产鸡翅木的国家、地区较多。东南亚、非洲、中国的广西、云南、广东、福建都产，但木质差异较大。从属上分，有崖豆木、白花崖豆木和铁刀木三种。铁刀木属的鸡翅木，细叶，黄花，原木普遍直径较小而且树干多弯，白皮较多，俗称为黄鸡翅木。黄鸡翅木木质较差，密度小，木质疏松，白皮极易腐且虫爱吃，价格也便宜，同上等的西南桦价格差不多。非洲产的白花崖豆属黑鸡翅木，直径大，白边少，气干密度为0.68～0.85g/cm³，其中气干密度在0.80g/cm³以上的都是好鸡翅木。缅甸的白花崖豆木的气干密度在1g/cm³以上，其密度同红酸枝木差不多，缅甸人叫“丁纹木”。这种鸡翅木制作的家具完全可以同红酸枝木媲美，价格较高。所有黄鸡翅木的气干密度都达不到《红木》国家标准，所以称不上红木家具。如果用黄鸡翅木白边较多的木材制作家具，放置在阴潮地方，三至五年白皮就开始腐烂了，所以买鸡翅木家具要十分留心，搞准了再购买。在古典家具中，鸡翅木是运用最早的木材之一，明代开始鸡翅木家具就大量制作，而且做工较为复杂。鸡翅木家具，工匠们大多把它特有的山水纹、人物纹、风景纹、虎面纹、水波纹同家具造型巧妙地结合起来，生产出很多精美绝伦的有独特纹路的鸡翅木家具。

○ 书桌

现代书桌与古代画案、画桌、架几案相比，从结构、装饰、款式上有所突破，更具实用性和时尚性。特点有三：一是改繁为简，主要是改繁琐的雕刻为少雕或不雕。二是加大规格，主要是加长加宽加高。三是改变用途。如古典画桌、画案、架几案用途单一，而现在的书桌，既是办公桌，也可以是画桌、写字桌和电脑桌。而且一张桌子往往配上两个官帽椅或两个圈椅，有的还加一个茶盘，就可以作为小型商谈桌和茶桌。

- 名称：现代红酸枝木书画桌
- 规格：160cm×60cm×83cm
- 最新市场参考价：33000 ～ 40000 元／套

- 名称：现代红酸枝木书桌
- 规格：196cm×86cm×83cm
- 最新市场参考价：55000 ~ 60000 元 / 套

- 名称：现代鸡翅木书桌
- 规格：196cm×86cm×83cm
- 最新市场参考价：12000 ~ 15000 元 / 套

- 名称：现代花梨木大书画桌
- 规格：336cm×116cm×83cm
- 最新市场参考价：170000 ~ 180000 元 / 张

- 名称：现代花梨木书桌
- 规格：166cm×86cm×83cm
- 最新市场参考价：18000 ~ 20000 元 / 套

4.6. 红木家具中的问题

一、福建红木家具常见的问题。

1.有些紫檀木家具中掺了很多黑酸枝木。所谓大叶紫檀家具其实大多数是用非洲的卢氏黑黄檀和东非黑黄檀制作。2.标注的海南香枝木家具，有些是化学药剂处理过或上过色的越南香枝木，而且有些有奥氏黄檀（缅甸白酸枝木）掺在其中。3.有些红酸枝木家具中掺了很多非洲假酸枝，即便是真红酸枝木家具中白边料也多得惊人，拼接相当多。4. 鸡翅木家具大多都是达不到《红木》国家标准（即木材含水率在12%时，气干密度达不到0.8g/cm^{3}以上）的亚鸡翅木制作。

二、广东红木家具中常出现的问题。

广东红木家具大多是用非洲的亚红木和假红木制作，同社会新闻上曝光的某大品牌进口洋家具属一路货色，与国标红木沾不上边。广东的亚红木和假红木家具，在本地批发价非常便宜。

三、越南生产的红木家具中常出现的问题。

1.有些香枝木大型家具中掺有白酸枝木，有些是“金包银”的制作方法。2.有些红酸枝木大型家具中也掺有杂木，有些也是“金包银”的 制作方法。3.花梨木家具中有些是用“嘎得央”和“干些”制造。

· 名称：现代红酸枝木书桌
· 规格：196cm × 86cm × 83cm
· 最新市场参考价：55000 ～ 60000 元 / 套

○ 书房套

现代书房套主要就是书柜两个、书桌或办公桌一张加一个官帽椅，再加三件套咖啡桌共七件家具组成，也称“书房七件”。现代书房七件套，最核心的就是突出一个“套”字。所谓“套”，就是整个书房套家具用材、款式、风格、工艺、脚形、弧形、纹饰、油漆都基本一致，达到一眼看去就给人款式统一、风格统一、工艺统一的感觉，也就是一眼看去七件家具就像一个“家庭”一样。

也有书房四件套，即不配三件套咖啡桌，只有两个书柜、一张办公桌和一个官帽椅。

· 名称：仿古红酸枝木书房四件套
· 最新市场参考价：120000 ~ 140000 元 / 套

· 名称：仿古红酸枝木书房四件套
· 最新市场参考价：110000 ~ 130000 元 / 套

红木知识

4.7. 现在市场上的香枝木新家具都是越南香枝木

国内介绍香枝木的书，无一例外重点都是介绍海南香枝木，越南香枝木只是轻描淡写地提一提，并且都把海南香枝木描写得极好，越南香枝木描写得极差，甚至还说海南香枝木价格比越南香枝木高5~10倍，这是严重不负责任的没有调查的误导。由于大量书籍都偏重叙述海南香枝木非常好，越南香枝木非常不值钱，以致造成中国红木家具市场出现了海南香枝木神话般的盲目崇拜潮。有些书中歪曲、片面介绍海南香枝木都是褐黄色或深褐色，越南香枝木都是黄色和白黄色。红木市场从2007年起就有理有据地把凡是褐黄色和深褐色骗卖为海南香枝木，黄色和白黄色才说成越南香枝木。有些甚至千方百计把手中的黄色和白黄色香枝木通过加色做成深褐色香枝木冒充海南香枝木来卖。总之，只要冠以海南香枝木的名称价格就翻几番，还有谁不愿意把自己手中的越南香枝木当成海南香枝木来卖呢？编者认为，造成这种混乱，同各种书籍错误地阐述夸奖海南香枝木有很大关系。2009年7月后越南香枝木逐渐紧缺起来，价格每天都在涨，于是市场出现了一种制作假深褐色海南香枝木的化学药剂。现在义乌小商品市场到处都有卖。用这种带有香枝木香味和香枝木深褐颜色的化学粉剂，将越南黄色和白黄色的香枝木通过高温蒸煮后，就变成了价格较高的深褐色“海南香枝木”。处理过的变成了深褐色的越南黄色和白黄色香枝木，摇身一变成了黑心作假红木商人囊中的“海南香枝木”，价格便翻几番。然而高温蒸煮后，香枝木已脱了脂，木质发生了严重变化，这种香枝木家具的价值就肯定大打折扣。目前红木家具市场上除了边境口岸地区能见到标注为越南香枝木的家具和工艺品外，在内地红木家具市场已很难见到标注为越南香枝木的新家具和工艺品，百分之九十九以上都把越南香枝木处理成所谓的深褐色海南香枝木来销售。有些红木商人赚取了很多黑心钱，坑害了不少消费者。

编者认为，编写科普书籍要客观，要对社会负责，要对社会有用，要对社会具有指导意义。当今海南香枝木连找大一点的一片样品都十分困难，还长篇累牍去介绍，去做文章，实在既空又虚，给社会和红木家具市场带来的是困扰是混乱，这是很不负责任的误导。

准确地说，现在在海南销售的香枝木新原木、根材、旧板枋材、工艺品及家具，百分之九十九以上都是越南产的香枝木。2000年起，海南大多数香枝木贩运商就开始到越南牙庄、河西和北宁收购越南香枝木，少数到老挝沙湾拿吉收购，再从水上走私，偷运回海南，都把越南香枝木冒充为海南香枝木来出售。这些越南香枝木绝大多数都流向了福建、北京和广东等地，最终都穿上了海南香枝木的高价外衣，流进了收藏者和爱好者家中。说实话，海南卖的香枝木到底是什么地方产的只有海南倒卖木材的商贩知道，外地到

· 名称：仿古紫檀木书房四件套
· 最新市场参考价：600000 ~ 700000 元 / 套

海南买木材的商人根本就无法搞准确。可以这样说，只要没有亲眼看着海南林农砍伐或刨挖，任何人在海南买的香枝木，只能说有可能是海南香枝木，而不能说肯定是海南香枝木。现在任何人在海南无法准确确定一件家具、一根木材或一件工艺品是越南香枝木还是海南香枝木。编者在海南寻找了十几天，没有亲眼看见过当地老百姓采伐的原材或刨出的树根，也没有见到老百姓从屋顶上拆下一根旧料，只是同当地老百姓买了一棵枯死的人工种植的香枝木，并且亲眼看着刨挖出来。故在书中没有过多介绍海南香枝木的木纹、工艺品和家具，在红木用材书中只是用了海南人工种植的香枝木树、干、叶和果实的图片和亲眼看着挖出的根材图。越南从2009年起，也没有多少新材出售，主要是售房上拆下的旧料和旧家具中拆出的旧料。越南很多香枝木旧料到了海南后，木材贩运商都说成是海南旧房上拆下的。只要卖木材的不说真话，再高级别的专家都很难搞准是哪里产的香枝木。举个花梨木例子来说，花梨木产地有几十个，如把颜色相同、纹路相同、重量差不多的几十个地方产的花梨木都摆在一起，专家也无法判断其中一种是哪里产的，只有伐木者和原产地木材商弄得清楚。香枝木的鉴定也不例外。

造成香枝木市场的这种混乱状况，主要因素有两方面：一是黑心经销商追求高额利润挂羊头卖狗肉故意为之，一般来说是哪里的香枝木大多数经销商应该心知肚明，完全能搞得清楚，只是在利益面前故意弄成口袋里卖猫，故意不说清楚。二是很多书籍和专家扭曲性地过高吹捧海南香枝木，贬低越南香枝木而造成。

海南香枝木与越南香枝木究竟有没有区别？回答是肯定的，无论从纹路、颜色、重量、气味上来比都没有大的区别，木质几乎一模一样。海南香枝木有黑、红、黄、白四种颜色，越南香枝木同样也有黑、红、黄、白四种颜色。现在国内市场上的香枝木新家具用料是产自哪里？回答也是肯定的，百分之九十九以上都是越南产的香枝木。

福建、北京市场上出售的香枝木基本上都是褐黄色和黑褐色香枝木，大多数都标注为海南香枝木。编者经过调查，基本上都是越南香枝木，颜色有些是经过化学药剂处理。

编者认为现在从海南产香枝木的地区买到的海南香枝木旧料或根材、工艺品和家具都不能证明它一定是海南香枝木。二十年前编者去缅甸北部的高寒山区考察，当地人见汽车就丢弃背篓往深山里跑，躲几个小时都不敢出来，但编者在那里就亲眼见过这个地区的人用鸡肝制作假麝香的全过程。二十年后的今天，海南人把越南香枝木冒充为海南香枝木来卖，一点都用不着大惊小怪。编者认为贬低实实在在在流通的越南香枝木，抬高虚无缥缈的连样品都难找到的海南香枝木只会误导市场，扰乱市场，只会给黑心香枝木贩运商和香枝木家具经销商做广告和帮忙，对广大香枝木购买者和收藏爱好者是一大伤害。

目前，海南、广东、广西都大量种植了人工香枝木，成材可做家具至少要再过50~100年。而且广东和广西产的香枝木其材质也一定同海南一模一样，最终可能还是叫海南香枝木。从现实出发，越南是目前世界上香枝木存储量最多的地方。因此编者重点介绍越南香枝木，是对读者负责。如果编者也欺骗性地盲目胡讲乱写，对广大香枝木购买者和收藏爱好者无疑又是一大欺骗。

• 名称：现代紫檀木书房四件套
• 最新市场参考价：900000 ~ 1200000 元 / 套

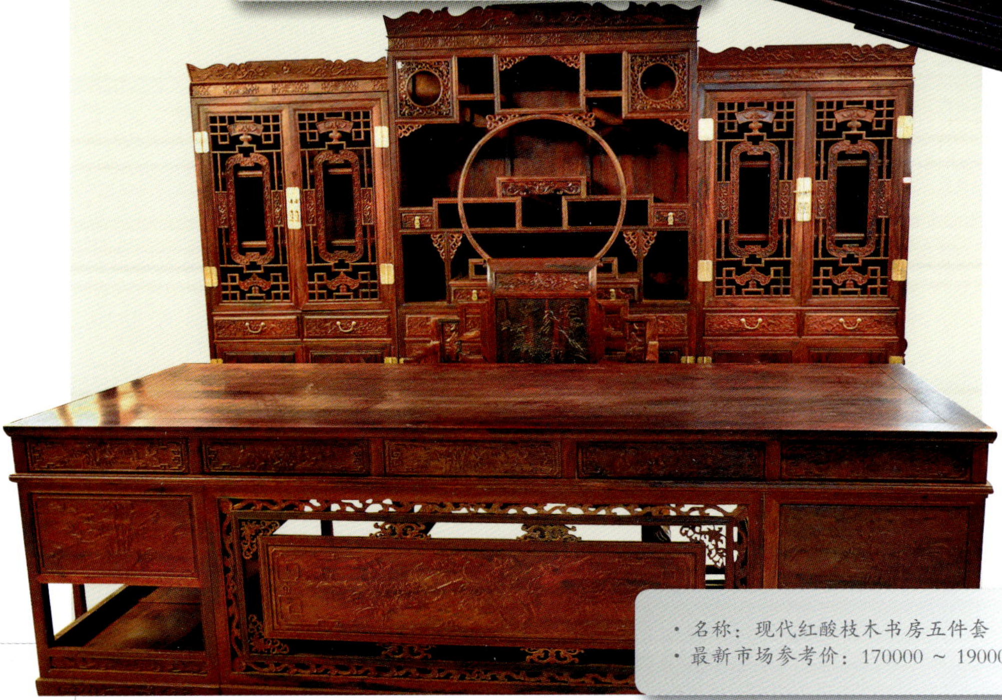

• 名称：现代红酸枝木书房五件套
• 最新市场参考价：170000 ~ 190000 元 / 套

第五章 支架和屏风类家具

第一节 仿古支架和仿古屏风类

支架类家具是搁置或支撑东西的家具统称。主要置于室内，用以挂放或承托日常生活所必需的物品和容器。包括衣帽架、盆架、梳妆台、灯架、茶几、套几、香几、漆几等。明代支架类家具使用非常普遍，制作已经很精美。衣帽架、梳妆台、灯架为独立使用；盆架一般与巾架合起来使用。支架类家具继宋、元之后，明清时期进入了一个摆设艺术高度成熟化阶段。支架家具不仅选料考究，做工精细，而且多与室内整体格局统一设计并融为一体。支架类的出现为古代家具的陈饰品增添了亮点和风韵。

屏风类家具是用来装饰、挡风及遮蔽视线的家具。屏风的使用早在西周初期即开始，制作在汉代已经很普遍，且大都比较实用。汉代以前的屏风多为木板上漆，加以彩绘。自造纸术发明以后，则多用纸糊，比较轻便，因而屏风也增加了新的形式，由原来的独扇屏风发展为多扇拼合的曲屏风。屏风大体可分为座屏、曲屏及挂屏三种。座屏下有底座，又分为多扇组合和独扇两种。曲屏风属于活动性家具，无固定陈设位置，用时打开，不用时折叠起来。这两种屏风自汉唐直到明清无多大变化。而挂屏为明末才开始出现的一种挂在墙壁上作装饰用的屏牌，大多成双成对出现。清朝后挂屏十分流行，至今仍为人们所喜欢。到了现代，屏风已成为室内装饰的一大亮点。

5.1. “非洲酸枝”和“南美酸枝”不属于红木

目前沿海一带生产的红木家具中，有不少是用所谓“非洲酸枝”和“南美酸枝”制作的假红酸枝木家具。这两种所谓的酸枝，其实都是非洲来的一种硬杂木。在国标红木八种黑酸枝木和七种红酸枝木中，非洲产的就有两种黑酸枝木，即卢氏黑黄檀和东非黑黄檀。这两种黑酸枝木非常接近紫檀木。2000年前，即《红木》国家标准未颁布前，一度被市场错认为紫檀木有两种，一种产自印度迈索尔邦，另一种就是产自非洲的卢氏黑黄檀和东非黑黄檀。直到现在市场上有些仍然还把卢氏黑黄檀和东非黑黄檀冠冕堂皇地叫卖为大叶紫檀。这两种黑酸枝木材质价格都比大红酸枝木还好还贵，显然现在市场上的所谓“非洲酸枝”同它根本沾不上边，不属于一类木材。在国标红木七种红酸枝木和八种黑酸枝木中，中南美洲产的红酸枝木有四种，即微凹黄檀、赛州黄檀、绒毛黄檀和中美洲黄檀。黑酸枝木有三种，即巴西黑黄檀、亚马孙黑黄檀和伯利兹黑黄檀。虽然中南美洲产的红酸枝木、黑酸枝木没有东南亚的木材好，价格也相差甚远，但只要真是以上七种中南美洲产的红酸枝木或黑酸枝木无疑都属于国标红木。但是，现在市场上的所谓“南美酸枝”，其实都不是以上七种木材，不属于红木。

· 名称：仿古红酸枝木衣帽柜
· 规格：高 188cm，长 168cm，宽 56cm
· 最新市场参考价：12000 ～ 18000 元 / 个

现在市场上的所谓“非洲酸枝”和“南美酸枝”，其学名为伯克苏木，来自非洲，属于同一种硬杂木，原材价格每立方米6500元左右。所谓“非洲酸枝”和“南美酸枝”这种硬杂木的纹路和重量同红酸枝木极像，色为白褐色，但上色后普通红木经销商和一般消费者很难辨别。这种硬杂木易变形易开裂，奇怪的还有不易上胶，结构处无法粘住粘紧，非常容易散架，可算得上是一种很糟糕的树种。这种硬杂木为黑心红木厂商和经销商提供了绝佳的做假红酸枝木家具的原材料，坑害了不少红木家具爱好者和消费者。所谓“非洲酸枝”和“南美酸枝”这种假红酸枝木家具，市场里的售价不比红酸枝木少多少，红木家具爱好者和消费者购买时要谨慎小心。

· 名称：仿古红酸枝木衣帽架
· 规格：高 188cm，长 193cm，宽 56cm
· 最新市场参考价：5500 ～ 6000 元 / 个

○ 衣帽架

衣帽架起源于东周后春秋时期，但形式不同，名称也不同。衣帽架就是悬挂衣服和帽子的架子。主要有横立两种。横式两侧有立柱，下有墩子式木底座，上有一根出头挂梁用于晾挂衣服。立式有一根中柱，柱中央和柱头有多个斜伸出的钩，用于晾挂衣服。衣架一般摆设在寝室内，大多放置在卧室床榻附近或进门的边侧，并与床、衣柜、电视柜等家具在风格上协调一致。

红木知识

5.2. 正确看待越南红木家具

越南人制作中国式的仿古家具，已有一百多年历史。这一方面是受我国传统家具文化影响，另一方面，越南本身就是许多优质硬木的原产地，有着“近水楼台”的优势。业内有些人喜欢拿越南红木家具说事，喜欢用越南红木家具来类比。不可否认，过去有些越南红木家具的确有神韵不好、工艺相对粗糙、白皮多、面板薄、面板边槽浅、使用假榫等诸多问题。但这些毛病并不是越南红木家具所固有和不变的特性，其实是整个红木家具行业的通病。也就是说在中国产的一些红木家具的身上也不同程度地存在着。总之，既不能将越南红木家具一棍子打死，更不能盲目地抬高中国的红木家具。

越南红木家具是在越南国内生产出的成套的成品或半成品红木家具。越南西贡、河内和北宁一带有着悠久的生产红木家具历史，现在北宁省同骑工业区一带的村镇，几乎都是以生产红木家具和工艺品为主，很多家庭的小孩子放学回家，摆放好书包，拿起雕刻或木工工具，就开始帮助大人干活。红木家具生产已进入千家万户，而随着市场竞争的越来越激烈，工艺水平也在不断提高。而且近几年浙江东阳、福建仙游、广东中山的不少老板带着中国师傅到越南经营和生产红木家具，大大提高了越南红木家具的质量，促进了红木家具的发展。中国家具商到越南加工红木家具，一般都是在当地加工成半成品，运回中国再二次加工。随着红木价格的不断攀升，越南的加工水平正在不断提高，越南红木家具已今非昔比，不应该固执地用老眼光看待“越南货”。特别是香枝木家具的制作，一般都是由越南大师级工匠制做，其工艺水平和造型、神韵都无可挑剔。

· 名称：仿古红酸枝木衣帽架
· 规格：高 188cm，长 193cm，宽 56cm
· 最新市场参考价：5500 ~ 6000 元 / 个

在市场竞争中，任何行业生存的基础前提都离不开进步和发展。越南红木家具行业也不例外。为了生存，市场逼迫它必须进步和发展，否则就会灭亡。稍有头脑的人都不会用十年前的老眼光来看待发展中的越南红木家具。现在中国从南到北，从东到西，到处都有越南红木家具。过去人们认为越南货存在没有神韵、粗糙、白皮多、面板薄、榫槽浅、用假榫等问题，现在大多数越南红木家具在市场的推动下已基本消灭了过去的顽疾，而且越南红木家具有以下几个方面优于国内红木家具：一是货真。越南红木家具主要有两个口岸出口，南部从西贡港出口，北部从广西口岸出口。出口的红木家具基本上是半成品家具，销售对象主要是中国的红木家具厂家和经销商。每件、每套家具都是实实在在的真红木，并且没有虫眼料、白皮料。其流程中首先必须经过中国厂家在口岸验货，然后运回国内再二次加工。由于半成品易鉴别木材真假，一般也没有人作假。所以说没有假木头，质量也很好。而中国南方生产的红木家具不少都是亚红木、非红木家具。主要用料为非洲亚花梨、非洲红皮铁树（俗称“非洲黄花梨”）、黄鸡翅木等，往往木头上有较多的白皮和很多虫眼料，但厂商依旧全部使用，这样的家具质量极其糟糕。这些木头本身就跟杂木一样便宜，厂家还大量添加使用虫眼很多的白皮料、腐烂料，因此，这些所谓的红木家具其实还不如好的杂木家具。这些亚红木、非红木家具，用不了多少年就会出现问题，同越南红木家具比起来，质量、价值相差甚远，完全不是一个概念。国内有些厂家生产的红木家具有全假，即全部是假红木；有半假，即一半真木头，一半假木头，有些还做包皮家具、做旧家具。所以说现在好的越南红木家具远远胜过中国生产的亚红木、非红木家具和材质较差的红木家具。二是价廉。如现在市场上的所谓“黑紫檀”实际是褐榄仁制作的家具。例如，锦绣中华10件套沙发，在中西部地区算比较好的家具了，价格卖到45000元左右一套。而越南只把这种木头叫做锦楠木，价格在5000元左右一套。三是用材好。中国做的香枝木三件套皇宫椅，靠背、扶手大多为机械拼接后再加工而成，坐板一般为3～5拼，多的达到8～10拼，卖价190000～300000元一套；而越南同类皇宫椅，全部整块板，卖价只是100000～150000元一套。越南红木家具的木质和价格都优于中国的红木家具。四是用料

· 名称：仿古花梨木衣帽架
· 规格：高 188cm，长 193cm，宽 56cm
· 最新市场参考价：2500 ～ 3000 元 / 个

足。中国制造的有些红木家具，表面看精巧、光滑、平整、线条直，但用材特别少、小，椅子尺寸也小，里外用材不一，往往通体不是一种料。而越南红木家具用材大，椅子结实，通体都是一种材料。

越南红木家具是手工制作。因为红木价格较高，来之不易，红木材料大多又大小弯曲不一，有的不仅要反复观察、丈量、精打细算如何合理使用，还要在少数局部部位先把木料用胶补好，才开始制作。越南的红木家具厂都是家庭作坊式，生产规模小。小规模家庭作坊式生产，一般一批就做一两套，由于是手工制作，手法、工艺、款式、雕刻皆不同，厂与厂的产品也有较大区别，根本无法达到一模一样的效果。当消费者买到一套这类满意的红木家具时，你就可以相信全世界这样的家具最多就有三到五套，具有稀有性。而中国南方的所有红木家具厂都是靠规模生产，靠数量赚钱和生存。这些工厂都是购买非洲相当便宜的亚红木或非红木原料来制作家具。非洲的木材直径一般都在100～150厘米左右，而且每个工厂都将白皮料、虫眼料、腐烂料统统一起使用，都喷深色聚酯漆遮盖木材缺陷，真可谓是跟红木家具没有可比性的杂木一样价值的家具。由于是大规模生产，大的工厂一下单就是几百套，而且往往几家工厂生产的家具规格、款式一模一样。当消费者买到一套这样的家具，你就可以想象到全世界这样的家具一定有成百上千套，根本没有稀有性。就其本身固有的树种、材质皆差的本性，只能归为杂木性质的家具，没有丝毫的收藏价值。

便宜不是红木，红木就不会便宜。红木家具是奢侈品，现在的亚红木和非红木家具无论有没有经济实力的人家都买得起，这种家具已无法称之为奢侈品，只能归为普通实木家具和大众家具。

盆架

盆架即多足且面心可以承托盆类容器的架子。分高低两种，高盆架多为六足，两条后足高长，盆架靠后的两根立柱通过盆沿向上加高，上部搭脑两端出头，上挑，中有花牌。搭脑之下常有挂牙护具，上面可以搭毛巾。低面盆架，一般都取朴素无饰的式样，有三足、四足、六足等不同式样。另一种是不带巾架，几根立柱不超过盆沿，有方形、五角形、圆形等。这类盆架有些用于作洗脸盆支架，也有的用于盆景支架，可以说是一架多用。盆架是古老生活方式所需要的家具，随着人们生活方式的改变和大量新型卫生洁具的诞生，现在盆架已很少再进入家庭使用了。

· 名称：仿古红酸枝木盆架
· 最新市场参考价：4000～4500元/个

5.3. 树种和材质决定红木家具的价格

红木家具价值和价格取决于三优，即优美的外形、优秀的工艺、优良的材质。细分为七个方面：一是树种，二是材质，三是款式，四是年代，五是存世和生产量，六是加工工艺，七是油漆。业内共同认为如果用百分比来划分，树种和材质为55%；款式为15%；年代为10%；生产量为5%；加工工艺为10%；油漆为5%。可见树种及材质直接决定着红木家具的价值和价格。

2004年11月22日，北京翰海拍卖的一对清黄花梨雕云龙四件柜，成交价1100万元。2004年11月29日，北京翰海拍卖的一对明代柏木四门柜，成交价2.8万元。以上两件家具虽然工艺、造型和雕刻有所差异，但最主要是树种不同，从它们各自的拍卖成交价格中，可以清楚地比较出价格差别之大，这就充分说明了树种在家具价格中的决定性位置。

· 名称：仿古红酸枝木盆架
· 规格：高 76cm，直径 85cm
· 最新市场参考价：4000 ~ 4500 元 / 个

古典家具按用材可分为黑、黄、红、白四类。黑有：紫檀木、乌木、条纹乌木、鸡翅木、黑酸枝木。黄有：香枝木。红有：红酸枝木、白酸枝木、花梨木。白即除以上三类以外的其他各种木材。白木类常用做家具的有柚木、榉木、楠木、榆木、核桃木、楸木、柏木等。

决定红木家具价值价格的是树种，但木质也不可忽视。同一种树的木质有较大差异，地理、气候、环境、土壤、水分、阳光、海拔对材质的影响都很大。非洲花梨木远不如印度花梨木；印度花梨木又不如缅甸花梨木；缅甸花梨木又不如柬埔寨、越南和老挝花梨木。非洲亚花梨木的价格为4000元左右一吨，缅甸花梨木则高达20000多元一吨，相差五倍多。而且非洲花梨木绝大多数只属于亚花梨，算不上国标红木。同一产地的木质，有时也有差别。因海拔、水分、阳光的不同，同一座山的木质也有差别。长在河边、箐边或山头阳光充足地带的树的材质都有区别。说到最小，一棵树根部材与树尖材也有差别。根部的密度更大，更细腻，色更深，材质更好，尖部材要次得多。因此，收藏红木家具，首先要鉴别树种，其次还要看准木质，最后才看造型、加工工艺和价格。

· 名称：仿古花梨木盆架
· 最新市场参考价：1500 ~ 2000 元 / 个

○ 梳妆台

· 名称：仿古红酸枝木梳妆台
· 规格：高 200cm，宽 160cm
· 最新市场参考价：30000 ~ 35000 元 / 个

据考证，梳妆台在古典家具中大量出现是在清代后期。梳妆台有两种，一种是在中间有抽屉，下为柜的桌子上面加了一个带镜子的后围屏，又名“大镜台”；另外一种是低镜台，放在桌案上使用，也叫“小镜台”。梳妆台的用途是妇人化妆、梳理使用的家具。受西方风气影响，民国时期玻璃大量涌入民间，梳妆台不仅大量出现，而且制作、雕刻都较为精美。梳妆台是古老生活方式所需要的家具，随着人们生活方式的改变和卫生间装饰的成套化使用，现代女性梳理都时兴在卫生间进行，现在使用梳妆台的家庭已很少。

· 名称：仿古红酸枝木梳妆台
· 规格：高 120cm，宽 156cm
· 最新市场参考价：15000 ~ 20000 元 / 套

· 名称：仿古红酸枝木梳妆台
· 规格：高 200cm，宽 156cm
· 最新市场参考价：25000 ~ 30000 元 / 套

红木知识

5.4. 降香黄檀树名的来历

香枝木业内俗称“黄花梨”。香枝木科名为豆科，属名为黄檀，类名为香枝木，种名为降香黄檀。《红木》国家标准将香枝木定为降香黄檀树种。降香黄檀这一名称直到1984年才确定。1984年前海南当地林农习惯把相似的海南黄檀和降香黄檀两种树叫做“花梨”、“格木”或“海南黄檀”，大多数还是习惯把它叫做“花梨”。其中当地林农又把相似的这两种树，分别叫为“糠梨”或“花梨公”和“油梨”或“花梨母”。“花梨公”，芯材较大，有五分之四，棕褐色，边材黄棕色，芯边材区别不明显。“花梨母”，芯材小，芯材黄褐色到黑褐色，边材浅白黄色，芯边材区别明显。1984年国家热带植物研究所专家对这两类树进行了分类，“花梨公”定名为“海南黄檀”；“花梨母”定名为“降香黄檀”。“海南黄檀”未归为国标红木；“降香黄檀”归为国标红木。

○ 灯架

灯架有挑杆式和屏座式两种。挑杆式用于挂灯，屏座式用于坐灯。明清灯架大致可分为固定式、升降式和悬挂式三类。高型灯架中的固定圆杆多为明式风格，可升降的灯架属于清式风格。灯架现代使用较少。

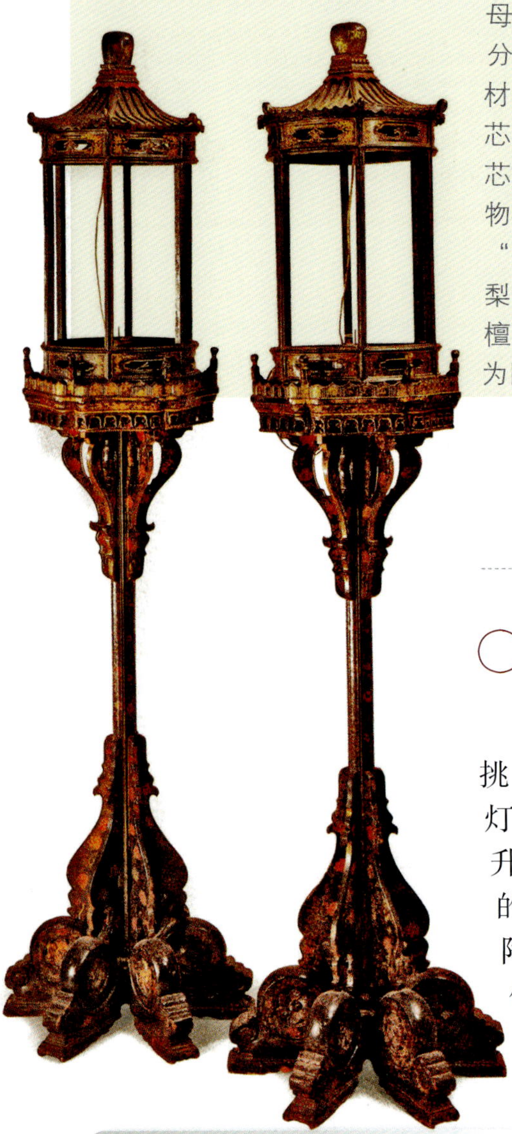

- 名称：仿古红酸枝木灯架
- 规格：高 210cm
- 最新市场参考价：18000 ~ 20000 元 / 对

- 名称：仿古红酸枝木灯架
- 规格：高 150cm
- 最新市场参考价：7000 ~ 8000 元 / 个

5.5. 苏式家具、京式家具和广式家具

苏式家具是指以苏州为中心的长江下游地区所生产的家具。苏式家具形成较早，举业闻名的明式家具即以苏式家具为主。苏式家具有造型优美，线条流畅，用料及结构合理，比例尺寸合体等特点。特别是以朴素、大方的格调博得世人的赞赏。进入清代以后，随着社会风气的转变，苏式家具也开始向繁琐和华而不实方面转变。苏式家具在用料方面和广式家具风格截然不同。苏式家具以俊秀著称，用料较广式家具要小得多。

京式家具一般以清宫造办处所制家具为主。由于广州工匠技术高超，京式家具中有很多都是造办处广木作处制造，广木作处全都是广州工匠，所以京式家具有相当数量的广式风格家具，它与纯粹广式家具不同的是用料少。造办处还有一个普通木作处，多由江南工匠负责制作，其做出的家具具有苏式风格。

广式家具一是用料粗大充实；二是装饰花纹雕刻较深，刀法圆润；三是磨工精细，不加漆饰，使木质完全裸露。广式家具装饰和纹饰受西方影响，出现了“西番莲”纹，一般情况下，苏式的缠枝莲纹饰与广式的西番莲纹饰已成为区别苏式还是广式家具的明显特征。

· 名称：仿古红酸枝木灯架
· 规格：高 199cm
· 最新市场参考价：7000 ~ 8000 元 / 个

○ 茶几

· 名称：仿古红酸枝木茶几
· 规格：43cm × 43cm × 83cm
· 最新市场参考价：11000 ~ 13000 元 / 个

茶几一般以方形或长方形居多，高度与扶手椅的扶手高度相当，用以放杯盘茶具，故得名。它由明代长方形香几演变而来。传世的大量茶几实物中，多为红酸枝木和花梨木制品。茶几是清式家具，比香几矮小，但更玲珑精致，有的做成两层式，比较容易看出与香几的区别。茶几到了民国时期开始盛行，有木制，也有嵌大理石和嵌螺钿等。到了现代茶几一般就不单独使用，而是同沙发、扶手椅配套使用。其造型、装饰、色彩与沙发、扶手椅相配套且具有一致性。

· 名称：仿古红酸枝木茶几
· 规格：49cm × 32cm × 77cm
· 最新市场参考价：22000 ~ 25000 元 / 对

红木知识

5.6. 红木按木质可分为四类

第一类：香枝木、紫檀木。

第二类：黑酸枝木、红酸枝木、条纹乌木、乌木。

第三类：白酸枝木（俗称）、花梨木（东南亚产）。

第四类：鸡翅木。

○ 香几

香几是为供奉或祈祷时置炉焚香用的一种几，也可陈设老式表盒和放盆景花卉、古玩等。香几的使用大多成双或成组。佛堂中有时五个一组用于陈设五供，少数也有单个使用。香几有圆形、方形、双环等多种形式。脚足一般弯曲得较为夸张，形制多为三弯腿，整体外观似花瓶。

· 名称：仿古红酸枝木香几
· 规格：高 88cm
· 最新市场参考价：10000 ~ 11000 元 / 个

· 名称：仿古红酸枝木香几
· 规格：高 88cm
· 最新市场参考价：10000 ~ 11000 元 / 个

· 名称：仿古鸡翅木荷叶式六足香几
· 规格：高 88cm
· 最新市场参考价：5000 ~ 6000 元 / 对

· 名称：红酸枝木连体香几
· 规格：高 106cm
· 最新市场参考价：19000 元 / 个

· 名称：仿古红酸枝木花架
· 规格：高 110cm
· 最新市场参考价：20000 ~ 30000 元 / 对

5.7. 现代广东红木家具

广东生产的红木家具主要有三类：

第一类： 真红木家具。主要到越南买香枝木、黑酸枝木、红酸枝木、白酸枝木毛坯和半成品家具，运回广东再经过二次加工而成，买红木原材在广东当地制作的红木家具较少。

第二类： 亚红木家具。主要是黄鸡翅木（黄鸡翅木的学名是铁刀木和斯图崖豆木，这种木材有些密度达不到《红木》国家标准规定的0.8g/cm^3以上的鸡翅木国家标准），其次是“非洲红花梨”、“非洲高棉花梨”和“非洲普通花梨”（学名分别为：非洲紫檀、安哥拉紫檀、安氏紫檀、药用紫檀、罗氏紫檀、刺紫檀、变色紫檀和堇色紫檀等）。这些花梨木同样也是密度达不到0.76g/cm^3以上的花梨木国家标准。

第三类： 非红木家具，业内也叫白木或杂木家具。主要树种有：巴拉圭维腊木（俗称绿檀香），红铁木豆（俗称小叶红檀），铁线子（俗称大叶红檀），褐榄仁、爱里古夷苏木（俗称黑檀、黑紫檀），古夷苏木（俗称巴花），伯克苏木（俗称非洲酸枝、南美酸枝、红贵宝、可乐豆、巴厘桑），红皮铁树（俗称非黄，非洲俗称猪屎木）。目前又出现一种俗称为“非洲檀香木”的杂木家具，其学名为螺穗木。这种木材既不属于红木，也不属于檀香木。原木价格在6000~8000元/m^3，而且这种木材的颜色、纹路、气味和重量与檀香木相比完全不是一回事。“非洲檀香木”这个名字，又是一个红木家具市场臆造的“赚钱名”。檀香木是当今最贵的木材，给这种杂木穿上一件“非洲檀香木”的值钱外衣，黑心商家又可以有很大空间来发挥，来骗钱。广东生产的这些非红木家具连亚红木都算不上，根本与真红木挂不上钩，对不上号。亚红木进口量最大的是非洲紫檀和斯图崖豆木，其次是安哥拉紫檀和铁刀木。无论进口量多大，只要密度达不到红木国家标准，就不能同国标红木相提并论，就不能叫红木家具。铁刀木、斯图崖豆木、非洲紫檀、安哥拉紫檀、安氏紫檀、药用紫檀、罗氏紫檀、刺紫檀、变色紫檀和堇色紫檀，直径较大，一般直径都能达到100~160厘米，生产出来的家具多为整木一块板，直观给人料好的错觉，再加上黑心商人天花乱坠的欺骗性叫卖，不少人因此上当受骗，掏了真红木的高价买了一堆西南桦一样价值的杂木家具。

○ 套几

套几是清代制作的十分有特点的家具。几面呈长方形或方形，套几可分可合，使用方便。一般为由小到大，可以套起放置的四件，收藏起来只有一个大几的体积，其它三个几都在其中，所以称套几。

· 名称：仿古花梨木四联套几
· 最新市场参考价：6000 ~ 8000 元 / 套

· 名称：仿古红酸枝木四联套几
· 最新市场参考价：18000 ~ 20000 元 / 套

5.8. 长江三角洲地区俗称的红木家具

古典家具中使用的大量硬木，实际上就是现在市场上大量有售的，收入《红木》国家标准的香枝木、紫檀木、黑酸枝木、红酸枝木、条纹乌木、乌木、花梨木和鸡翅木这八类红木，也就是广义上的红木。用这八类红木制作的家具也就是广义上的红木家具。过去长江三角洲地区俗称的红木家具，其实是狭义的红木家具，主要包括黑酸枝木、红酸枝木、白酸枝木制作的家具。在三种酸枝木中，业内又有“老红木”和“新红木”之分。即黑酸枝木和红酸枝木归为“老红木”，制作的家具叫做“老红木家具”；白酸枝木归为“新红木”，制作的家具叫做“新红木家具”。

广义的红木家具并非是带红色的家具或一两种木材制作的家具，而是《红木》国家标准确定的三十三种红木与高级制作工艺结合的代名词。从材质上讲，红木家具采用的木材，都是死细胞树芯材，也叫髓芯木。红木树种一般要长30年才起心，髓芯木长到30厘米要100年以上，所以非常珍贵。明清家具为了节省红木木材，规格、款式、用材都由皇帝亲自审批，可见红木在历史上就极其珍贵了。

总之，红木家具是古典艺术、古典文化和高级木工制作工艺与高档珍稀名贵红木的结合体。自古以来它的归属就是上层名流社会、达官贵人、社会顶层人物之家；现代也同样是财富、地位、身份、文化、品位的象征。红木家具在现代也被归为奢侈品，具有较高的使用价值、装饰价值、收藏价值、享受价值。如果用非洲亚红木 、非红木制作的家具就没有什么意义了，这些材质制作的家具的价格只是同普通白木家具的价格差不多，现在已铺天盖地地进入到了千家万户，已是家家户户都买得起的普通家具，无法称为红木家具。

· 名称：仿古红酸枝木松鹤延年屏风
· 规格：高 200cm，宽 200cm
· 最新市场参考价：50000 ～ 55000 元 / 个

· 名称：仿古红酸枝木松鹤延年屏风
· 规格：高 190cm，宽 130cm
· 最新市场参考价：35000 ～ 40000 元 / 个

○ 座屏风

座屏风多陈设在居室中的重要位置，相对固定。它又分为多扇式和单扇式。多扇一般为大型器物，有三片、五片、七片、九片等，其规律一般是为单数。片与片间用活榫连

• 名称：仿古红酸枝木屏风
• 规格：高 190cm，宽 130cm
• 最新市场参考价：35000 ~ 40000 元 / 个

• 名称：仿古红酸枝木屏风
• 规格：高 186cm，宽 86cm
• 最新市场参考价：30000 ~ 35000 元 / 个

· 名称：仿古红酸枝木花开富贵屏风
· 规格：高 210cm，宽 200cm
· 最新市场参考价：50000 ~ 55000 元 / 个

接，下有八字形底座，上有屏帽相连接。独扇屏风又名插屏。一般为单片插在一个特制的底座上。底座用两根交叉木墩，正中立柱，两柱间用两道横梁连接，正中镶整面板。小屏风置于桌上，可以调理人的心情，由于山水、风景都具有由近及远，层次分明的特点，虽置于桌上，却能起到开阔视野及想象，消除疲劳，给看者带来一个好心情。

· 名称：仿古红酸枝木九龙屏风
· 规格：高 250cm，宽 320cm
· 最新市场参考价：110000 ～ 130000 元 / 个

红木知识

5.9. 古典家具主要用材比较

	明代家具	清代家具	民国家具
红木类	香枝木 紫檀木 鸡翅木	紫檀木 花梨木 红酸枝木 乌木	红酸枝木 黑酸枝木 花梨木
白木类	铁力木 榉木	榉木 楠木	柚木

○ 曲屏风

古代屏风完好存放至今的大多为明清时代制作，而且基本上都是红木制作。曲屏风是在汉代由原来的独扇屏风发展而来的一种可折叠的屏风。它与座屏风不同的是不用底座，且都由双数组成。最少两扇或四扇，最多可达到十扇左右。曲屏风属活动性家具，可以随意折合。曲屏风有的做木框，内包锦，屏心主要用纸、绢裱糊，并彩绘或刺绣山水、花卉、人物及鸟兽等各式图画。因此木框锦心的很难长期保存，古代这类屏风完好存放至今的极少。现代曲屏风大多数是全实木制作。

- 名称：仿古红酸枝木龙纹八片曲屏风
- 规格：高 245cm，宽 58cm
- 最新市场参考价：60000 ~ 70000 元 / 套

· 名称：仿古黑酸枝木八片曲屏风
· 规格：高 198cm，宽 49cm
· 最新市场参考价：80000 ～ 90000 元 / 套

· 名称：仿古红酸枝木竹节四片曲屏风
· 规格：高 162cm，宽 42cm
· 最新市场参考价：30000 ～ 35000 元 / 套

5.10. “高仿”、“做旧”和“作假”的概念

“高仿”——不仅是仿器物的年代，也仿它的神韵。既形似神也似。要把古典家具本身具有的较高的艺术性，高仿出来，仿得逼真，仿出品位来需要极高的造型艺术、雕作水平和木制水平，可以说没有对传统家具艺术的深透理解是做不出来的。“高仿”古典红木家具有较高收藏价值，它不能同“做旧”和“作假”相提并论。

“做旧”——随着古典明清家具不断升值，市场上出现了许多做旧家具。所谓“做旧”，就是带有欺骗性的以假卖真，简单仿造古典红木家具，只要做到看上去“旧”就成。做旧既用亚红木也用杂木。有些厂家高仿做不了，新的也做不好，干脆就从事“做旧”家具骗人，以达到获取暴利的目的。“做旧”，一是用新杂木仿古典家具式样以做旧方式制作的家具，看起来像旧古典红木家具，冒充古典红木家具在市场上高价出售的家具。二是用硬木仿古典红木家具款式再通过特殊油渍、烟熏，凸显出老红木家具的假象，在市场上冒充古典红木家具高价出售的家具。做旧家具与高仿家具不同。做旧一般是工艺粗糙，造型呆板，木质低劣的无价值的杂木家具。高仿是仿古典家具式样，高级工匠制作，造型有神韵，用高档红木制作，有较高价值的红木家具。做旧家具与高仿家具是完全没有可比性的。而且做旧家具为了降低投入成本，减少积压卖不出去造成的损失，往往是制作用料少，不雕刻和雕刻少，件数也少的仿明式家具。如：三件小圈椅，三件皇宫椅、交椅、官帽椅等。做旧也有一些做大型架子床等这类家具的，但这些家具会用一些木质硬一点的杂木，加以雕刻，然后高价出售。往往作假者会把杂木的做旧家具说成紫檀木、香枝木、花梨木等高档红木家具来骗人，而且开价很高。总之，做旧家具是古典明清家具急剧升值，市场需求较大，真正懂得古典家具的人又不多的情况下形成的畸形“怪胎”。

“作假”——作假红木家具就是完全骗人的行径，主要是把杂木做成红木家具骗人。作假又与做旧不同。做旧是用亚红木、杂木仿造古典家具款式用做旧手法做成的仿旧古典家具；而作假家具主要是用亚红木、杂木既仿古典红木家具又仿现代红木家具而制作的假红木家具。主要通过油漆伪装，做成古典或现代红木家具，冒充红木家具在市场上销售的假红木家具。作假家具主要有两类：一类是假古典红木家具，另一类是假现代红木家具。

· 名称：仿古条纹乌木框镶花梨木九龙挂屏风
· 规格：高 112cm，宽 260cm
· 最新市场参考价：70000 ~ 80000 元 / 个

- 名称：仿古乌木框镶花梨木心北国风光挂屏风
- 规格：高 112cm，宽 260cm
- 最新市场参考价：70000 ～ 80000 元 / 个

○ 挂屏风

明末清初出现了一种悬挂在墙上的挂屏。组成有单片、两片和四片三种。单片较大，一般为长方形，横挂式，主要有八马骏图、松鹤图、喜鹊登梅图等。两片为直挂式，一般雕刻龙凤、龙虎等图样。四片多雕刻梅、兰、竹、菊，称为“四季花”或“四季平安”。挂屏风是一种装饰品，清代比较盛行，在宫廷处处可见，较为普遍。

- 名称：仿古乌木框镶香枝木心八仙挂屏风
- 规格：高 82cm，宽 120cm
- 最新市场参考价：300000 ～ 500000 元 / 个

5.11. 富丽华贵的清式家具

清代家具趋向笨重，追求富丽、华贵、繁琐的雕饰。根据学者研究，清代家具重在制榫，不求表面装饰。京作家具重蜡工。广作家具重雕工，讲求雕刻装饰。清式家具装饰方法有木雕和镶嵌，装饰图案多为象征吉祥如意，如多子多福、延年益寿、官运亨通之类的花卉、人物或鸟兽纹饰等。特别是腿的造型变化最多，除方直腿、圆柱腿或方圆腿外，又有三弯如意腿、竹节腿等。

· 名称：仿古红酸枝木嵌黄杨木四季花挂屏风（四片）
· 规格：高 82cm，宽 34cm
· 最新市场参考价：10000 ~ 13000 元 / 套

· 名称：仿古红酸枝木扇屏风
· 规格：高 80cm，宽 140cm
· 最新市场参考价：8000 ~ 10000 元 / 个

第五章 支架和屏风类家具

第二节 现代支架和现代屏风类

支架类家具在古代就很多，而且一直流传下来，现在依旧很盛行，受欢迎的有衣帽架、梳妆台、茶几三种。现在的居室都设有卫生间，大多是整体成套的综合盥洗器具，所以盆架基本不再使用。在卫生间装有大镜子，洗漱都在卫生间进行，在面盆上方都装有各种不锈钢的台架，用于置盥洗用具和挂毛巾等，但是也有人家的卧室还置有梳妆台，所以说梳妆台到现在一直使用。香几、套几和灯架虽然还有少量使用，但已极少，偶尔做装饰用，因此在书中叙述较少。

屏风与香几、套几和灯架与其他支架类家具不同，直到现在都还比较盛行。座屏风、曲屏风和挂屏风在当代有了很大发展，无论从造型、用材、工艺、图饰等方面与古典屏风相比，可以说有过之而无不及。

现代茶几已不再单独使用，它的功能是沙发和扶手椅的辅助性家具，主要用来放置杯子、果盘和茶具等。分大小两种，即大茶几配大沙发和长椅，小茶几配小沙发和单椅。茶几的式样根据沙发和扶手椅的造型、结构、雕饰及规格来配套性、统一性和协调性地设计制作。一般为两小椅配一小茶几，一大椅配一大茶几。由于茶几已同沙发配套使用，书中不再单独叙述。

· 名称：现代花梨木衣帽架
· 规格：高 200cm
· 最新市场参考价：3000 ~ 3500 元 / 个

○ 衣帽架

为了节省置放空间，现代的衣架很少有横杆式，多数为独柱和三柱立式衣帽架。做工主要以机车、机制为主。很少雕花，用料也少，以简洁、美观和适用为主。选用木材主要有花梨木、鸡翅木等。

- 名称：现代花梨木衣帽架
- 规格：高 200cm
- 最新市场参考价：3000 ~ 3500 元 / 个

- 名称：现代花梨木衣帽架
- 规格：高 200cm
- 最新市场参考价：3000 ~ 3500 元 / 个

5.12. 精巧的明式家具

红木知识

明代家具主要是在宋元家具的基础上发展成熟的，形成了最有代表性的家具。明式家具主要采用香枝木、紫檀木、鸡翅木、花梨木或铁力木等硬木制作，也采用楠木、樟木、胡桃木、榆木及其他杂木制作，其中以香枝木效果最好。硬木色泽鲜艳、柔和，纹理清晰，木质坚硬而富有弹性。明式家具制作工艺精细合理，全部以精密巧妙的榫卯结合部件，大面平板则以攒边方法嵌入边框槽内，坚实牢固。高低宽窄的比例以适用美观为出发点，有助于纠正不合礼仪的身姿坐态。装饰以素面为主，局部饰以小面积漆雕或透雕，精美而不繁缛。通体轮廓及装饰部件的轮廓讲求方中有圆，圆中有方。明式家具线条雄劲而流畅，家具整体的长宽高、整体与局部、局部与局部的比例都非常得当。

- 名称：现代花梨木衣帽架
- 规格：高 200cm
- 最新市场参考价：8000 ~ 10000 元 / 个

- 名称：现代红酸枝木衣帽架
- 规格：高 200cm
- 最新市场参考价：4000 ~ 5000 元 / 个

○ 梳妆台

现代梳妆台与古典梳妆台整体框架没有多大变化，只是在纹饰、雕刻和花边等小的方面有一定发展。另外，受西方家具影响，出现了较多欧式和中西结合的新款式。现代的梳妆台基本就一个结构，即在桌子的上面加一个带镜子的后围屏。过去在桌案上使用的小梳妆台现已很少再有。

• 名称：现代红酸枝木中西式梳妆台
• 规格：138cm × 60cm × 170cm
• 最新市场参考价：30000 ～ 35000 元 / 套

• 名称：现代花梨木梳妆台
• 规格：108cm × 55cm × 166cm
• 最新市场参考价：10000 ～ 13000 元 / 套

红木知识

5.13. 非红木和亚红木家具的区别

非红木家具和亚红木家具含义：一是不属于红木家具，而是杂木（白木）家具。二是达不到国标红木标准的亚红木家具。非红木家具、亚红木家具又分为全假、半假、包皮、冒充、混杂五类。全假，就是完全用杂木制作，人为用漆色伪装做成红木的家具。有些信誉不好的红木加工厂作假方法是，买几根真红木摆在醒目的大门口吸引顾客眼球，招揽生意，客户订家具时指着真料订货，加工时用假料，骗取不义之财。半假分为两种：一是用亚红木当成真红木出售。如非洲花梨木、非洲鸡翅木有些本质上达不到国标红木气干密度标准，最多只能归为亚红木。非洲花梨木价格只是缅甸花梨木的六分之一到八分之一，但也冒充缅甸花梨木出售来骗消费者。二是在一件家具上，通体不用一种木材，面子和肉眼能见的部位用真料，不易见的部位、背板、抽屉等处用

• 名称：现代花梨木梳妆台
• 规格：108cm × 55cm × 160cm
• 最新市场参考价：10000 ～ 13000 元 / 套

• 名称：现代乌木中西式梳妆台
• 规格：138cm × 60cm × 180cm
• 最新市场参考价：25000 ～ 30000 元 / 套

- 名称：现代红酸枝木梳妆台
- 规格：高 100cm，宽 156cm
- 最新市场参考价：20000 ～ 25000 元 / 套

- 名称：现代红酸枝木梳妆台
- 规格：180cm × 60cm × 120cm
- 最新市场参考价：25000 ～ 30000 元 / 套

- 名称：现代红酸枝木梳妆台
- 规格：108cm × 50cm × 168cm
- 最新市场参考价：20000 ～ 25000 元 / 套

- 名称：现代红酸枝木梳妆台
- 规格：118cm × 56cm × 170cm
- 最新市场参考价：25000 ～ 30000 元 / 套

杂木或亚红木。包皮，这类家具在面板、搭脑、扶手等醒目处用厚红木切片粘贴，里面用杂木或亚红木顶替制成红木家具出售来骗消费者。也有的包皮采用二合一、三合一的方式包皮，这类家具隐蔽性强，一般不是专业人士很难识别出来。红木家具中还有冒充和混杂的问题。冒充，主要方法是，明明是东非黑黄檀或卢氏黑黄檀家具，高价叫卖为大叶紫檀木家具；明明是褐榄仁家具，推销为黑紫檀家具；明明是非洲红皮铁树，叫卖成非洲黄花梨家具等。混杂，这类家具比较多，红木家具最讲究树种、木质的通体一致性，如果混杂使用，这类家具就贬值了。例如，香枝木家具中掺进一部分老挝红酸枝木、花梨木；紫檀木中掺进黑酸枝木；缅甸花梨木中混杂非洲花梨木等。

· 名称：现代鸡翅木拐子纹小茶几
· 规格：72cm × 48cm × 76cm
· 最新市场参考价：800 ~ 900 元 / 个

○ 茶几

茶几一般以方形或长方形居多，高度与扶手椅的扶手高度相当，用以放杯盘茶具，故得名。它由明代长方形香几演变而来。传世的大量茶几实物中，多为红酸枝木和花梨木制品。茶几是清式家具，茶几比香几矮小，但更玲珑精致，有的做成两层式，比较容易看出与香几的区别。茶几到了民国时期就开始盛行，有木制，也有嵌大理石和嵌螺钿等。到了现代，茶几一般就不单独使用，而是同沙发、扶手椅配套使用，其造型、装饰、色彩要与沙发、扶手椅相配套，具有一致性。

红木知识

5.14. 海南权威人士称：海南野生“黄花梨”“六没有”

· 名称：现代鸡翅木小茶几
· 规格：78cm × 56cm × 72cm
· 最新市场参考价：800 ~ 1000 元 / 个

没有批准过一个可经营海南野生“黄花梨”的交易市场；

没有批准过一家可生产海南野生“黄花梨”家具或工艺品的加工厂；

没有批准过任何人合法进山采伐一棵海南野生“黄花梨”；

没有办法在海南市场上买到一件海南野生“黄花梨”的新料家具；

没有办法在海南市场上买到一件海南野生“黄花梨”的新料大件工艺品；

没有办法在海南市场上买到一根大的海南野生“黄花梨”新原木。

- 名称：现代鸡翅木云纹大茶几
- 规格：138cm×96cm×52cm
- 最新市场参考价：4500 ~ 5000 元 / 个

- 名称：现代鸡翅木鱼水纹大茶几
- 规格：128cm×98cm×50cm
- 最新市场参考价：3500 ~ 4000 元 / 个

5.15. 海南香枝木与越南香枝木之区别

越南香枝木和海南香枝木同科、同属、同类、同树种。越南北部和海南隔海相望，气候、土壤、降水量都差不多，又在同一纬度上，这两个地方的香枝木平心而论，没有本质区别。现在国内红木市场的香枝木家具，多数都标注为“海南香枝木”或“海南黄花梨”，这是欺骗性销售行为。众所周知，海南香枝木早就少之又少，要买到大一点的真正的海南香枝木工艺品都困难，哪里还有那么多的海南香枝木家具呢？知情人回答就一句话：“这些海南香枝木家具起码有百分之九十九以上都是用越南香枝木制作。”很多红木家具业内人士和专家都认为，无论树、叶、花、种子到木质、色泽、纹路、气味，越南香枝木都与海南香枝木基本一样，没有什么本质区别。如花纹，越南香枝木较艳，较抢眼，较漂亮，海南香枝木只是较柔和一些而已。气味，都是辛酸香味。重量，两地的香枝木均有轻有重。颜色，越南香枝木有深有浅，海南香枝木也有深有浅。越南香枝木

- 名称：现代鸡翅木云龙纹小茶几
- 规格：68cm×48cm×82cm
- 最新市场参考价：900 ~ 1100 元 / 个

- 名称：现代鸡翅木云龙纹小茶几
- 规格：78cm×48cm×80cm
- 最新市场参考价：800 ~ 1000 元 / 个

· 名称：现代鸡翅木莲花纹小茶几
· 规格：72cm × 52cm × 82cm
· 最新市场参考价：800 ～ 1000 元 / 个

新料色泽亮丽鲜艳，海南香枝木新料的色泽也同样亮丽鲜艳。海南香枝木有老陈料和老家具料，越南香枝木也有一模一样的老陈料和老家具料。密度，越南香枝木有大有小，海南香枝木也同样有大有小。

越南北部香枝木与海南香枝木的色泽、纹路、密度、气味都基本相似。学术界和木材界对这两种香枝木有一些争议。有的专家说一样，差不多，有的说不一样，有差别，有的专家甚至说，越南北部香枝木与海南香枝木，没有本质区别，应该就叫“越南降香黄檀”。这种叫法固然没有理论依据，在红木分类中，只有香枝木类和降香黄檀树种的划分，没有按产地划分类名和树名。因此，学名中就不可能再出现“越南降香黄檀”这样的名称。曾有木材商将五块越南香枝木和五块海南香枝木在不做任何标记的情况下同时送到某林科院鉴定，结果十块都确定为香枝木，并未检测和标记出产地。这就充分说明这两地的两种树同属香枝木类降香黄檀树种。古时有关书籍有黄花梨产自海南、广亚、北越（也称安南）之说，这就进一步证明，这两种木材都有记载，没有本质区别。有的专家还认为，北京故宫珍藏的香枝木家具有不少是用越南香枝木制作而成。理由是，据历史文字记载，海南香枝木直径较小，而故宫有些香枝木家具的面板为整板而且较宽较长，因此被认为故宫的香枝木家具大多数是用越南香枝木制作 。理由是在海南找不到那样大的香枝木。专家认为，之所以在国际木材分类中找不到越南香枝木，可能是当年统治越南的法国殖民者漏报了这一树种，才造成这一缺憾。

· 名称：现代鸡翅木拐子纹大茶几
· 规格：180cm × 106cm × 62cm
· 最新市场参考价：6000 ～ 7000 元 / 个

· 名称：现代鸡翅木回纹大茶几
· 规格：138cm × 96cm × 52cm
· 最新市场参考价：3500 ～ 4000 元 / 个

· 名称：现代鸡翅木拐子纹大茶几
· 规格：128cm × 96cm × 52cm
· 最新市场参考价：3500 ～ 4000 元 / 个

○ 花架子

现代人把香几和花几笼统叫做“花架子”。这并不是不懂或叫法不对，而是香几的基本功能用途基本已同花几一样，它不再是供奉或祈祷时置炉焚香的用具，而是变成了客厅、寝室的花架子，故称为花架子。现代的花架子与古典的花几和香几相比，没有质的变化，形体基本相同。主要还是圆形、方形、多角形三种。高低大小、图饰、用材百花齐放，主要根据主人的房屋装修特点和沙发家具的款式来配套确定式样。客厅大多同沙发款式配套制作和摆设，其功能就是花架子。

· 名称：现代红酸枝木高足花架
· 规格：高 120cm
· 最新市场参考价：8000 ～ 10000 元 / 对

红木知识

5.16. 香枝木的现状与产地

在北京、福建、广东及广西乃至全国各地红木家具市场都把黑褐、褐红或褐黄的香枝木标为“海南香枝木”或“海南黄花梨”。有专家专门到海南进行过较长时间的了解、比较和分析，认为现在市场上所标注的所谓“海南香枝木”基本上都是越南香枝木。近五年来真正的海南香枝木找片样品都非常困难，更不可能买到一件海南香枝木新家具或海南香枝木新料大型工艺品。市场上冒充海南香枝木有两种：一种是越南香枝木加过深褐色，也就是用粉剂蒸煮或上过颜色。另一种是把自然的越南北部深褐黄色或深褐黑色香枝木直接称之为“海南香枝木”。

· 名称：现代红酸枝木高足花架
· 规格：高 106cm
· 最新市场参考价：8000 ～ 10000 元 / 对

· 名称：现代黑酸枝木花架
· 规格：高 106cm
· 最新市场参考价：4000 ～ 4500 元 / 个

· 名称：现代花梨木六角花架
· 规格：高 96cm
· 最新市场参考价：1800 ~ 2000 元 / 个

· 名称：现代鸡翅木花架
· 规格：高 106cm
· 最新市场参考价：900 ~ 1000 元 / 个

· 名称：现代鸡翅木花架
· 规格：高 106cm
· 最新市场参考价：900 ~ 1000 元 / 个

红木知识

5.17. 十二种非红木和亚红木的学名、俗称、产地及价格参考表

序号	学名	俗称	产地	价格(万元)/m^3
1	斯图崖豆木	黄鸡翅木	东南亚、非洲	0.4~0.55
2	维腊木	绿檀香、玉檀香	巴拉圭	0.5~0.7
3	——	干些、嘎（得央）	越南	0.3~0.4
4	红西南桦	桦桃木、樱桃木	云南	0.5~0.6
5	非洲紫檀	红花梨	非洲	0.4~0.5
6	安哥拉紫檀	高棉花梨	非洲	0.4~0.5
7	红皮铁树	非黄、猪屎木	非洲	0.3~0.45
8	古夷苏木	巴花	非洲	0.6~0.8
9	红铁木豆、铁线子、胶漆树	小叶红檀、大叶红檀、大漆树	非洲、东南亚	0.6~0.8
10	褐榄仁、爱里古夷苏木	黑檀、黑紫檀	东南亚、非洲	0.4~0.5
11	螺穗木	非洲檀香木	非洲	0.5~0.8
12	伯克苏木	非洲酸枝、红贵宝、南美酸枝、巴厘桑、可乐豆	非洲	0.5~0.8

· 名称：现代鸡翅木花架
· 规格：高 106cm
· 最新市场参考价：1000 ~ 1200 元 / 个

5.18. 明清家具纹饰比较

明清家具的装饰纹样较为丰富，但明式和清式的装饰风格却截然不同。明式家具不追求繁缛的雕饰，主要突出其造型美和线条美。有的家具尽管也有大面积雕花，但和清式相比仍显文静、含蓄。而清代家具则重点突出其装饰效果，在漆器家具上体现得更加明显。清代早期家具给人以高贵华美、富丽堂皇的感觉；清代晚期的家具装饰多以各种物品名称的谐音拼凑成吉祥语。如蝙蝠、寿山石加上如意，意喻“福寿如意”；佛手、寿桃及石榴合起来叫做“多福、多寿、多子”；满架葡萄或葫芦为“子孙万代”等等。很多带有臃肿、粗俗、呆板的纹饰的清代晚期家具大多出自咸丰、同治年以后。

· 名称：现代鸡翅木花架
· 规格：高 106cm
· 最新市场参考价：1000 ~ 1200 元 / 个

· 名称：现代鸡翅木花架
· 规格：高 106cm
· 最新市场参考价：1000 ~ 1200 元 / 个

◯ 座屏风

现代家庭极少使用大型座屏风，大多数是在大公司厅堂，宾馆和酒店大堂等重要位置摆放。座屏风有大小两种，多为单片，多片极少。大座屏风置于厅堂和大堂，小座屏风置放在办公桌上或其他架件上。大座屏风相对固定，不移动。现代大座屏风雕刻较深较繁琐，厚重精美。有透雕和浮雕两种雕刻手法。双面都雕刻，通常为一面雕花卉纹，一面雕字，也有两面都雕花卉纹的。多用花梨木、红酸枝木雕制。

- 名称：现代红酸枝木九龙座屏风
- 规格：高 200cm，宽 210cm
- 最新市场参考价：60000 ～ 70000 元 / 个

- 名称：现代黑酸枝木镶黄杨木百鸟朝凤座屏风
- 规格：高 228cm，宽 360cm
- 最新市场参考价：100000 ～ 105000 元 / 个

- 名称：现代黑酸枝木镶黄杨木九龙座屏风
- 规格：高 210cm，宽 255cm
- 最新市场参考价：80000 ～ 90000 元 / 个

- 名称：现代红酸枝木镶黄杨木一帆风顺座屏风
- 规格：高 250cm，宽 360cm
- 最新市场参考价：100000 ～ 105000 元 / 个

5.19. 三十三种国标红木学名、俗称、产地及价格参考表

序号	学名	俗称	产地	价格(万元)/m^3
1	檀香紫檀	小叶紫檀、金星金丝紫檀、牛毛纹紫檀、紫檀	印度南部（迈索尔邦）	70~120
2	越柬紫檀	花梨木、草花梨	越南、柬埔寨	2~3.5
3	安达曼紫檀	花梨木	印度、安达曼群岛	0.8~2
4	刺猬紫檀	非洲花梨木	热带非洲	0.7~1.3
5	印度紫檀	花梨木	印度、菲律宾	0.8~1.8
6	大果紫檀	花梨木、草花梨	缅甸、老挝	1.2~2.5
7	囊状紫檀	花梨木	印度	0.8~1.8
8	鸟足紫檀	花梨木	泰国、老挝	1.8~2.3
9	降香黄檀	海南黄花梨、越南黄花梨	中国海南、越南	200~1300
10	刀状黑黄檀	缅甸黑酸枝、老挝黑酸枝	缅甸、老挝	4~5
11	黑黄檀	柬埔寨黑檀、黑酸枝、老挝黑檀、黑酸枝	柬埔寨、老挝、中国西双版纳	4~5
12	阔叶黄檀	印尼黑酸枝	印尼	2.5~4.5
13	卢氏黑黄檀	大叶紫檀、马达加斯加黑酸枝	非洲马达加斯加	10~18
14	东非黑黄檀	黑紫檀、紫光檀	东非	9~16
15	巴西黑黄檀	黑紫檀、乌檀	巴西	3~4
16	亚马孙黑黄檀	美洲黑酸枝	巴西	3~4
17	伯利兹黑黄檀	伯利兹黑酸枝	中美洲	3~4
18	巴里黄檀	老挝红酸枝、紫酸枝、花酸枝	老挝、柬埔寨	4~5
19	赛川黄檀	美洲红酸枝	巴西	1.9~2.8
20	交趾黄檀	老红木、大红酸枝	老挝、越南、柬埔寨	9~18
21	绒毛黄檀	美洲红酸枝	巴西	1.9~2.8
22	中美洲黄檀	墨西哥红酸枝	墨西哥	1.9~2.8

23	奥氏黄檀	缅甸白酸枝、黄酸枝、花酸枝	缅甸、老挝	2~3.5
24	微凹黄檀	南美红酸枝	南美洲	3~5
25	乌木	黑檀、黑紫檀	缅甸、印度、斯里兰卡	4~5
26	厚瓣乌木	非洲黑檀	西非	2~3
27	毛药乌木	菲律宾黑紫檀	菲律宾	4~5
28	蓬塞乌木	菲律宾黑紫檀	菲律宾	4~5
29	苏拉威西乌木	印尼黑紫檀	印尼	5~6
30	菲律宾乌木	菲律宾黑紫檀	菲律宾	5~6
31	非洲崖豆木	非洲黑鸡翅木	非洲	0.7~0.9
32	白花崖豆木	缅甸黑鸡翅木、丁纹木	缅甸	1.2~2.5
33	铁刀木	红豆木、黄鸡翅木	中国、越南	0.6~0.8

· 名称：现代黑酸枝木福字屏风
· 规格：高 280cm，宽 130cm
· 最新市场参考价：45000 ~ 60000 元 / 个

· 名称：现代花梨木座屏风
· 规格：高 230cm，宽 280cm
· 最新市场参考价：35000 ~ 40000 元 / 个

· 名称：现代花梨木曲屏风（五片）
· 规格：高 210cm，宽 330cm
· 最新市场参考价：30000 ～ 35000 元 / 套

○ 曲屏风

多扇曲屏风到现代的功能也发生了变化。古代因为房间的空间较大，曲屏风主要用于隔栏，而现代既是装饰，同时又是栅栏，有隔开房间的隔断作用，一般用在酒店的高级餐厅和大厅，需要时，可用屏风将一厅分做多室多厅。大堂和大厅用多片曲屏风，小厅和家庭用四扇或六扇曲屏风。其雕刻有透雕也有浮雕或使用其他材质。通体整块板的不多见，一般为三截或四截式。大多屏风下为板式浮雕，中为浮雕腰，上为镂空雕。

5.20. 交趾黄檀的来历

红木知识

交趾，又名交阯，中国古代地名，位于越南。“交趾”一名在越南古时代已有之。公元前111年，汉武帝灭古南越国，并在今越南北部设立交趾、九真、日南三郡，实施直接的行政管理，交趾郡治交趾县即位于今越南河内。后来汉武帝在全国设立十三刺史部时，将包括交趾在内的7个郡分为交趾刺史部，后世称为交州。

古代越南北部交趾郡盛产红酸枝木，且品质上乘，所以此地产的红酸枝木以“交趾”冠名，又因红酸枝木归黄檀属，故称为“交趾黄檀”。进入21世纪后越南北部就基本无“交趾黄檀”可采伐，现在的交趾黄檀主要产自老挝与越南交界的沙湾拿吉和柬埔寨与越南交界的占巴塞等地。

· 名称：现代红酸枝木曲屏风（6片）
· 规格：高 210cm，宽 280cm
· 最新市场参考价：70000 ~ 100000 元 / 套

· 名称：现代黑酸枝木曲屏风（八片）
· 规格：高 220cm，宽 388cm
· 最新市场参考价：90000 ~ 120000 元 / 套

◯ 挂屏风

中国现代家庭古典文化水平较高者，家庭多为中式装修，墙壁上少不了挂几块横屏风或竖屏风，可见挂屏风在现代家庭中普遍使用的程度。制作挂屏风用的材质一般较好，普遍都是香枝木、红酸枝木和黑酸枝木。紫檀木材太小，找不到制作挂屏风的宽板，一般都不使用。四片竖挂屏风多雕梅、兰、竹、菊。两片竖挂屏风大多雕龙凤或龙虎。一片横挂式屏风大多雕八马骏图、松鹤图或喜鹊登梅图等。也有中间挂一片横挂式屏风，两边再挂两片竖挂屏风，又称三件挂屏风。如果一片横挂式屏风为喜鹊登梅，两片竖挂屏风为龙凤，客人一进门便会情不自禁送一句赞美的吉祥语："龙凤吉祥，喜上眉梢。"

- 名称：现代黑酸枝木嵌黄杨木挂屏风
- 规格：高 130cm，宽 285cm
- 最新市场参考价：50000 ~ 60000 元 / 幅

- 名称：现代黑酸枝木嵌黄杨木马到成功挂屏风
- 规格：高 105cm，宽 215cm
- 最新市场参考价：40000 ~ 50000 元 / 幅

- 名称：现代黑酸枝木嵌黄杨木百子图挂屏风
- 规格：高 108cm，宽 360cm
- 最新市场参考价：80000 ~ 90000 元 / 幅

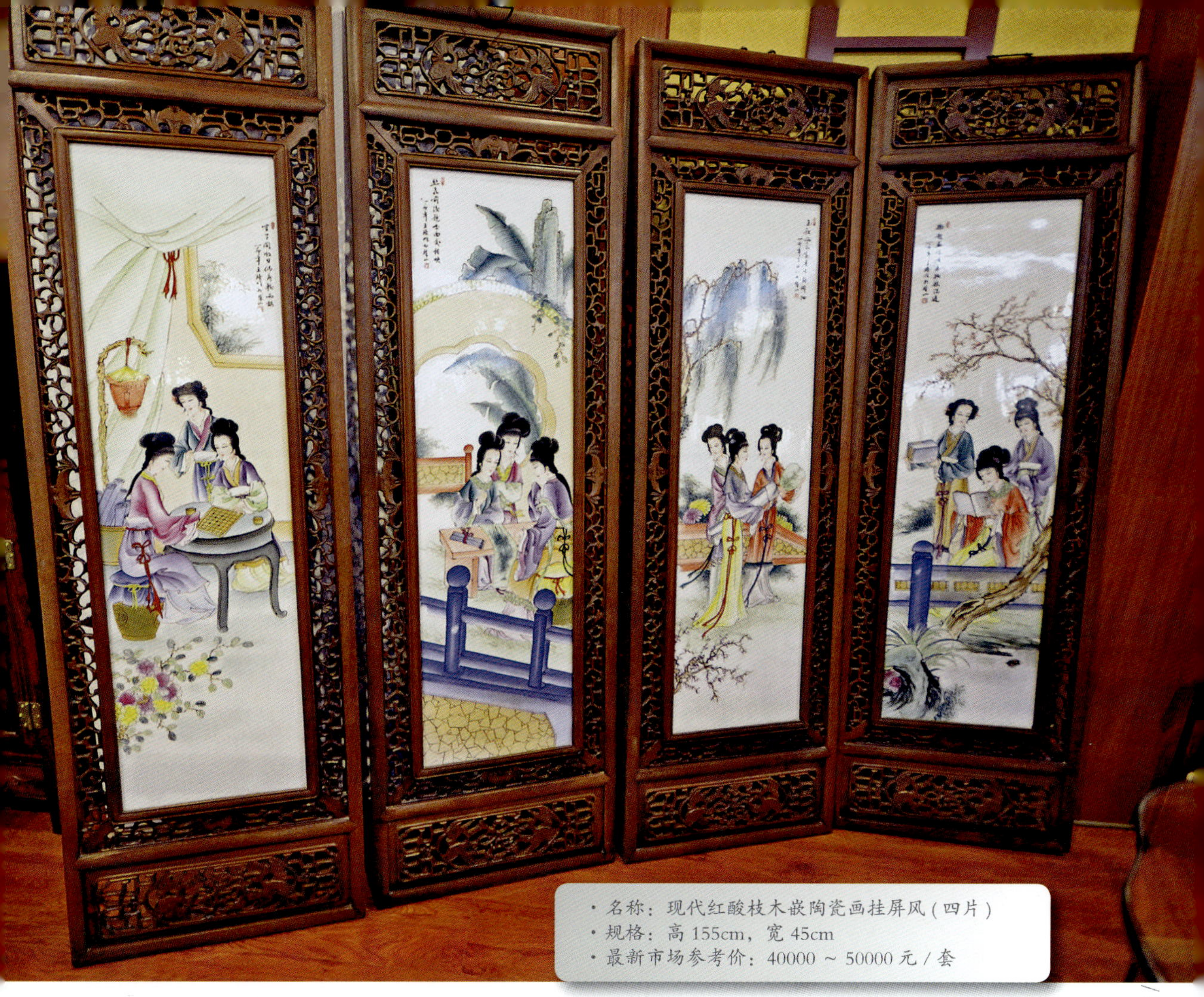

· 名称：现代红酸枝木嵌陶瓷画挂屏风（四片）
· 规格：高 155cm，宽 45cm
· 最新市场参考价：40000 ～ 50000 元 / 套

· 名称：现代红酸枝木春夏秋冬（梅、兰、竹、菊）挂屏风（四幅）
· 规格：高 110cm，宽 35cm
· 最新市场参考价：20000 ～ 30000 元 / 套

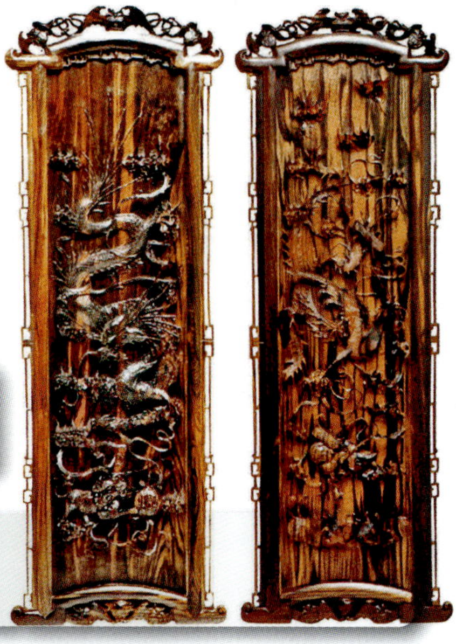

· 名称：现代条纹乌木龙凤挂屏风（两幅）
· 规格：高 120cm，宽 40cm
· 最新市场参考价：8000 ～ 10000 元 / 对

· 名称：现代红酸枝木春夏秋冬（梅、兰、竹、菊）挂屏风（四幅）
· 规格：高 106cm，宽 35cm
· 最新市场参考价：10000 ~ 15000 元 / 套

· 名称：现代乌木嵌红酸枝木挂屏风（四幅）
· 规格：高 106cm，宽 35cm
· 最新市场参考价：15000 ~ 20000 元 / 套

· 名称：现代红酸枝木嵌黄杨木春江牧歌挂屏风
· 规格：高 130cm，宽 285cm
· 最新市场参考价：60000 ~ 70000 元 / 幅

· 名称：现代花梨木挂屏风（四片）
· 规格：高 106cm，宽 38cm
· 最新市场参考价：18000 ~ 28000 元 / 套

- 名称：现代花梨木博古架
- 规格：高 206cm，宽 246cm
- 最新市场参考价：25000 ～ 30000 元 / 组

- 名称：现代红酸枝木博古架
- 规格：高 220cm，宽 220cm
- 最新市场参考价：35000 ～ 40000 元 / 组

○ 博古架

古典红木家具中把摆放可观赏的有价值的工艺品的框架家具制为高型架柜，称为多宝阁。多宝阁大多有门有抽屉。现代红木家具中这类架柜主要是用于摆放古董及工艺品故称之为博古架，而不再称为多宝阁。博古架外形同书柜差不多，只是后面没有背板。博古架从大的造型上可分为两种，一种为方形，一种为圆形。现代博古架主要为错落有致的亮格，抽屉少，柜门少。从做工、工艺来区分，有雕花和无雕花两种。不雕花的主要是用线条装饰，雕花也只是浅雕或花边雕。现代博古架主要用香枝木、紫檀木、黑酸枝木、红酸枝木、花梨木、鸡翅木制作。

- 名称：现代鸡翅木博古架
- 规格：高 210cm，宽 130cm
- 最新市场参考价：6000 ~ 7000 元 / 个

- 名称：现代仿古老花梨木多宝阁
- 规格：高 230cm，宽 160cm
- 最新市场参考价：35000 ~ 45000 元 / 个

- 名称：现代鸡翅木博古架
- 规格：高 196cm，宽 196cm
- 最新市场参考价：12000 ～ 15000 元 / 对

- 名称：现代鸡翅木博古架
- 规格：高 196cm，宽 196cm
- 最新市场参考价：12000 ～ 15000 元 / 对

· 名称：现代红酸枝木博古架
· 规格：高 196cm，宽 196cm
· 最新市场参考价：35000 ~ 40000 元 / 组

· 名称：现代花梨木博古架
· 规格：高 196cm，宽 196cm
· 最新市场参考价：30000 ~ 35000 元 / 组

· 名称：现代花梨木博古架
· 规格：高 196cm，宽 130cm
· 最新市场参考价：15000 ~ 25000 元 / 个

第六章 橱柜类家具

第一节 仿古橱柜类

仿古橱柜有七种：橱、圆角柜、方角柜、顶竖柜（又称四件柜和顶箱柜）、亮格柜、书格及多宝格等。书格和多宝格本书已单独分开叙述，这里就不再阐述，橱与圆角柜、方角柜及顶竖柜有区别。橱是案与柜的结合体，可以存放小物件和当成书案使用；柜只能存放大物件及垫子、被子和衣服，不能当书案使用。

○ 橱

仿古橱是橱与案的结合体，形体近似桌和案。上面是桌和案的样子，下面有抽屉有橱柜，所以兼有桌案、橱和柜的三种功能。橱放置在寝室内，主要用于安放生活日用品。古家具的橱非常重要，在明清家具中，占有重要位置，为当时的居室必备家具。其与现代客厅和卧室中的电视柜或多用柜用途差不多，是非常重要的不可少的居室综合类家具。

· 名称：仿古花梨木两联厨
· 规格：138cm × 48cm × 96cm
· 最新市场参考价：10000 ~ 15000 元 / 个

- 名称：仿古黑酸枝木两联厨
- 规格：120cm × 48cm × 96cm
- 最新市场参考价：25000 ～ 30000 元 / 个

- 名称：仿古红酸枝木两联厨
- 规格：106cm × 48cm × 116cm
- 最新市场参考价：25000 ～ 30000 元 / 个

- 名称：仿古红酸枝木三联厨
- 规格：138cm × 48cm × 89cm
- 最新市场参考价：28000 ～ 33000 元 / 个

- 名称：仿古香枝木两联厨
- 规格：138cm × 46cm × 86cm
- 最新市场参考价：350000 ～ 400000 元 / 个

○ 圆角柜

圆角柜顶面两端出头像柜帽，外露的角都是圆形，四脚为内方外圆，门框外角也为圆形，故名圆角柜。这种柜有两门和四门两种，这两种柜形体相同，只是大小有出入而已。其特点是门面板多为一块通长整板，如中间有隔断的款式则做成下段板上雕花。

- 名称：仿古香枝木圆角柜
- 规格：109cm×55cm×188cm
- 最新市场参考价：1500000 ~ 2000000 元 / 个

- 名称：仿古香枝木圆角柜
- 规格：92cm×48cm×176cm
- 最新市场参考价：3300000 ~ 4000000 元 / 对

红木知识

6.1. 红木市场习惯将酸枝木分为黑、红、白三类

过去长江三角洲习惯叫的红木家具，是狭义的红木概念，专指学名为交趾黄檀的大红酸枝木和学名为巴里黄檀的老挝红酸枝木。国标红木中酸枝木有两类：即黑酸枝木和红酸枝木。在红酸枝木中，红木业内常常又把产于缅甸的学名为奥氏黄檀的红酸枝木称为白酸枝木。在白酸枝木中，又按其颜色和纹路，将花纹多的称为花酸枝；将偏黄色的称为黄酸枝。业内有些也把国标红酸枝木分为老红木、新红木两类。老红木即大红酸枝木和老挝红酸枝木；新红木即白酸枝木。大红酸枝木十分容易同紫檀木相混，不通过木材检测机构切片检验，很难做出准确定论。大红酸枝木和老挝红酸枝木主要产于越南、老挝、柬埔寨一带。大红酸枝木，多为红褐或黑褐色，有宽窄不一的黑筋纹路，气干密度高达1g/cm^3以上，有的比大叶紫檀木还要重。新红木主要产于缅甸、老挝一带，颜色多为浅白红色、黄红色，有些黑筋纹路较多。新红木原材价格比大红酸枝木和老挝红酸枝木便宜得多。

○ 方角柜

方角柜设有柜帽，柜门是用合页来安装，因外形呈方形故名。方角柜的体形是上下同大，四角见方。方角柜和圆角柜基本造型相同，不同之处一个是方角，即柜四角处处为方角，柜体上下垂直，反之，圆角柜柜体外露角全部为圆角。还有圆角柜柜帽两端出头，柜体上下不垂直。圆角柜的四框与脚是以一根圆料直通制作而成，侧脚收分明显。

红木知识

6.2. 交趾黄檀

交趾黄檀在《红木》国家标准中归为红酸枝木类。市场上为区别于红酸枝木类的其他树种，通常称为“大红酸枝”和“老红木”。红木家具业内认为此木材是清中期以来红木家具的主要用材之一。目前红木家具使用的产于东南亚地区的红酸枝木主要为交趾黄檀、巴里黄檀和奥氏黄檀，其中交趾黄檀为上品，价格也最高。

交趾黄檀为大乔木，高度一般在30~50米，主干直径可达60~80厘米，有些树有几个主干和分枝。树皮光滑而坚硬，浅褐黄至灰褐色。叶的形态为不均等的羽状复叶，叶序互生或半对生， 花白色，果实为扁平的线状闭果，属于豆荚果类型。现主要分布于越南、老挝及柬埔寨。交趾黄檀，木材芯边材区别明显，芯材新切面黑红褐或暗红褐，有黑褐色或栗褐色条纹，边材黄白色。生长轮不明显，管孔在肉眼下可见，散孔材。木材含水率12%时，气干密度为1.01~1.09g/cm^3，具光泽，强度高，硬度大，耐腐蚀性强，抗虫性强，纹理通常有直有曲，结构细而均匀。

- 名称：仿古香枝木方角柜
- 规格：90cm×46cm×156cm
- 最新市场参考价：2000000 ~ 2500000 元 / 个

- 名称：仿古香枝木方角四件柜
- 规格：96cm×60cm×192cm
- 最新市场参考价：4000000 ~ 5000000 元 / 对

· 名称：仿古紫檀木镶香枝木顶竖柜
· 规格：108cm × 60cm × 216cm
· 最新市场参考价：3000000 ~ 4000000 元 / 对

○ 顶竖柜

顶竖柜是由方角柜演变而来。方角柜上再加同样规格宽厚，高度约为下柜的四分之一的两个顶箱就是顶竖柜，也叫顶箱柜和四件柜。因加了四分之一高度的两个箱，高度比方角柜高得多，一般在两米以上。中国明清家具的顶竖柜比较多，是这两个时期的重要储藏类组合式家具。其由底柜和顶箱组成，底柜就是一个方角柜，顶箱就是一个方角箱，但下柜与上箱的制作风格、用材、色泽、结构、造型乃至纹路都必须完全一样，整体一种韵律，直观给人完全一体之感。顶竖柜，到现代还很流行使用，其用途与现代的大衣柜差不多，是寝室重要的家具之一。

· 名称：仿古黑酸枝木顶竖柜
· 规格：108cm × 60cm × 216cm
· 最新市场参考价：120000 ~ 130000 元 / 对

· 名称：仿古红酸枝木顶竖柜
· 规格：108cm × 60cm × 216cm
· 最新市场参考价：115000 ~ 120000 元 / 对

6.3. 黑酸枝木和红酸枝木的种类

黑酸枝木和红酸枝木因带有酸醋味而得名。《红木》国家标准中的黑酸枝木类共有八个树种，即刀状黑黄檀、黑黄檀、阔叶黄檀、卢氏黑黄檀、东非黑黄檀、巴西黑黄檀、亚马孙黑黄檀、伯利兹黑黄檀。《红木》国家标准中的红酸枝木类共有七个树种，即巴里黄檀、赛川黄檀、交趾黄檀、绒毛黄檀、中美洲黄檀、奥氏黄檀、微凹黄檀。在十五个黑、红酸枝木树种中，红木市场业内又常常将它分为三类，即黑酸枝木、红酸枝木和白酸枝木。交趾黄檀中被市场俗称为黑酸枝木的与《红木》国家标准中的黑酸枝木不是一个概念，不是一种木材。交趾黄檀中被市场俗称为黑酸枝木，只是采伐方式不同，造成颜色不同，其实都是一种木，都是红酸枝木。《红木》国家标准中的红酸枝木类的奥氏黄檀，业内也称白酸枝木（还称花酸枝和黄酸枝）。但是《国标》红木中奥氏黄檀归为红酸枝木，没有白酸枝木的分类。奥氏黄檀这种木材与其他红酸枝木的木质、颜色和价格确实有区别，这类白酸枝木占市场份额也较大。大红酸枝木、老挝红酸枝木和白酸枝木的价格悬殊，买木材或买家具前完全有必要先弄清这三种木材的特点和区别。

· 名称：仿古花梨木亮格柜
· 规格：96cm × 55cm × 196cm
· 最新市场参考价：20000 ~ 25000 元 / 个

○ 亮格柜

亮格柜就是带有通亮格层的柜。这种柜为综合式橱柜类。既可做古董柜，也可用做装衣服、垫子、被子等杂物，用途较多。它同方角柜、顶竖柜外形一样，只是构造不同。其通体四根长方，隔为上柜和下柜。上柜不装门，下柜装门，主要用铜件装饰。现代使用亮格柜的不多。

· 名称：仿古香枝木亮格柜
· 规格：96cm × 55cm × 196cm
· 最新市场参考价：1500000 ~ 1800000 元 / 个

- 名称：现代花梨木电视柜
- 规格：263cm × 56cm × 53cm
- 最新市场参考价：25000 ~ 30000 元 / 个

第二节 现代橱柜类

随着人们生活水平的不断提高，住房建筑面积日益扩大，建筑风格逐渐改变，现代客厅和卧室的橱柜类家具，发生了极大的变化，种类较多。归纳起来橱柜类家具主要有电视柜、多用柜、酒柜、衣柜、床头柜五类。

○ 电视柜

现代电视柜种类款式很多。主要分为高矮两种。较长的则多做成组合式。装饰分有雕花和不雕花两种。按用途分为电视柜和多用柜两种。它的功能主要是用于摆放电视，其次是藏放杂物和起装饰作用。

- 名称：现代鸡翅木电视柜
- 规格：263cm × 56cm × 43cm
- 最新市场参考价：10000 ~ 15000 元 / 个

· 名称：现代红酸枝木电视柜
· 规格：233cm × 56cm × 58cm
· 最新市场参考价：30000 ~ 35000 元 / 个

· 名称：现代红酸枝木电视柜
· 规格：243cm × 56cm × 53cm
· 最新市场参考价：35000 ~ 40000 元 / 个

6.4. 香枝木的现状

在中国红木家具市场和古董市场，几乎到处可见香枝木家具上标写着“海南黄花梨”商标，很少见到“越南”这两个字。这种营销手段带有欺骗性，剥夺了用户的知情权，是极不道德的商业行为。在我国的古典家具中，最值钱的莫过于明代产的香枝木家具。为什么值钱？就是物以稀为贵。明代的香枝木家具有些是用海南香枝木制作，有些是用越南香枝木制作。由于明代过度砍伐，到清代海南香枝木开始匮乏，因此，清代又另开发制作紫檀木家具，所以清代的紫檀木家具较多。 有少量这一时期制作的香枝木家具，也大多花梨木和香枝木不分地通用，漆色也很深，很难辨别木质。经过几百年的采伐，上世纪80年代后要买到海南野生香枝木新材就很难了，近十年来更是可以用绝迹来形容。大多是过去旧家具中挑选出几块旧料或旧房子柱子、梁头中偶尔发现几根旧料而已，市场销售的香枝木家具99%以上都是越南香枝木。海南野生香枝木从法律角度分析，也不可能在市场上明目张胆销售。实际上，越南香枝木同海南香枝木没有本质区别。越南北部香枝木的木质超过海南东部香枝木的木质。目前整个中国市场上的香枝木家具几乎都是越南香枝木。比来比去，说来说去，论来论去，总之说的都只有一种香枝木，即越南香枝木。可以说除大木材商、研究机构、专家教授和海南山区少数林农外，没有几个人真正见过海南野生香枝木。一味说海南香枝木好，越南香枝木不好，没有多少道理和根据。乱比较乱论述，给市场造成混乱，为一些不法商人提供了作假售假的销售理论依据，给他们创造了发挥的空间。近几年，不法商人都把越南老陈料，带褐红、褐黑纹路的越南北部香枝木标上海南香枝木标签，卖价比差不多成本的浅白黄色和黄白色的越南香枝木高出三至六倍。越南香枝木其实也进入了收购破旧家具和旧房柱房梁的地步，也濒临绝货。现在越南生产香枝木家具的工厂，买到的原料大多数都是破旧家具中拆下来少量旧板旧枋，也有少量旧房上拆下的柱子梁头，很少买到新板枋，可以说目前已将绝迹。海南木材商人有很多都在越南收购带纹路多的老陈料香枝木，运回海南冒充海南香枝木出售，所以说现在没有几个人能买到真正的海南香枝木新家具。

· 名称：现代花梨木电视柜
· 规格：243cm × 56cm × 43cm
· 最新市场参考价：23000 ～ 28000 元 / 个

· 名称：现代香枝木电视柜
· 规格：213cm × 56cm × 53cm
· 最新市场参考价：1200000 ～ 1500000 元 / 个

· 名称：现代红酸枝木电视柜
· 规格：203cm × 56cm × 80cm
· 最新市场参考价：30000 ～ 35000 元 / 个

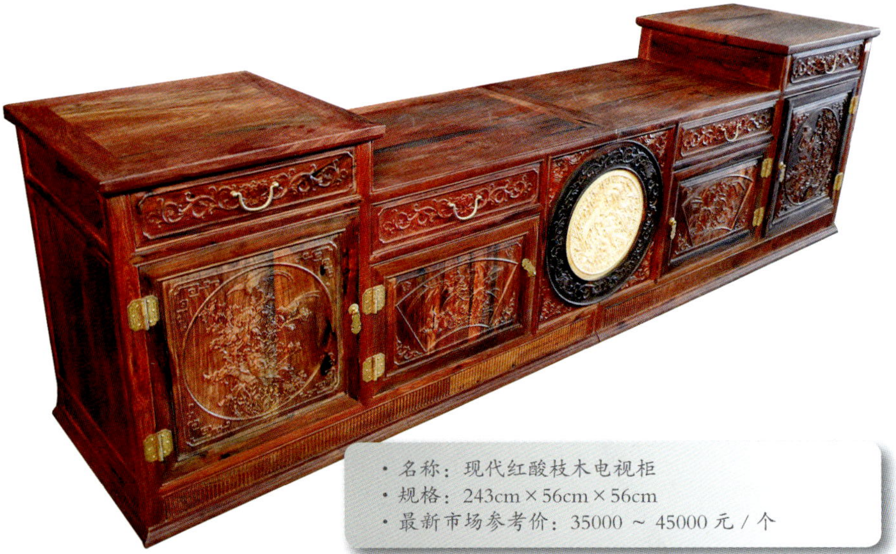

- 名称：现代红酸枝木电视柜
- 规格：243cm × 56cm × 56cm
- 最新市场参考价：35000 ~ 45000 元 / 个

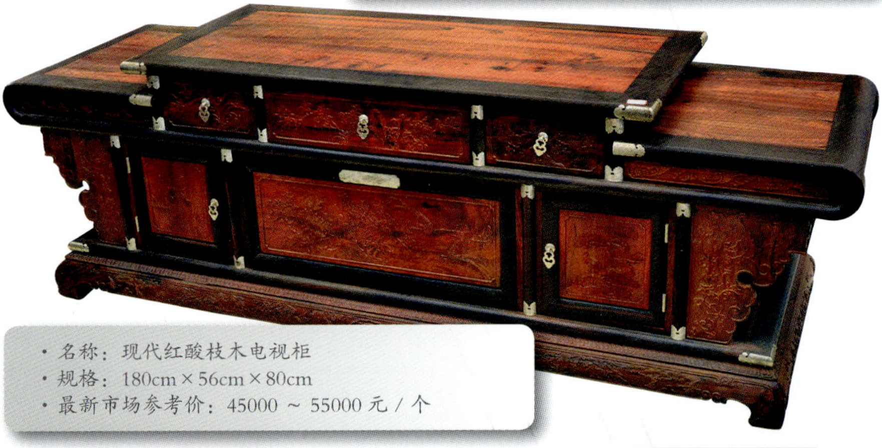

- 名称：现代红酸枝木电视柜
- 规格：180cm × 56cm × 80cm
- 最新市场参考价：45000 ~ 55000 元 / 个

- 名称：现代红酸枝木电视柜
- 规格：203cm × 56cm × 43cm
- 最新市场参考价：35000 ~ 40000 元 / 个

- 名称：现代花梨木电视柜
- 规格：310cm × 56cm × 60cm
- 最新市场参考价：25000 ~ 30000 元 / 个

○ 多用柜

多用柜其实就是客厅的综合柜和卧房使用的电视柜兼综合柜。卧室使用的多用柜一般比电视柜高，而且既有抽屉又有橱柜，是卧室的综合用柜，所以又称“综合柜”。卧室多用柜不同于电视柜，一般要与卧室的其他家具配套。卧室其他家具是欧式，多用柜就得是欧式，卧室其他家具是豪华型，多用柜就得是豪华型。卧室其他家具是简洁型，多用柜就得是简洁型。总之，多用柜的结构、款式、风格、纹饰和用材要同卧室其他家具相配套。客厅的多用柜比卧室的长、大，款式可以同沙发匹配，也可以做成单独的风格，自成一体。

- 名称：现代红酸枝木客厅多用柜
- 规格：136cm × 56cm × 120cm
- 最新市场参考价：35000 ～ 40000 元 / 对

· 名称：现代红酸枝木客厅多用柜
· 规格：136cm × 56cm × 110cm
· 最新市场参考价：35000 ～ 40000 元 / 对

· 名称：现代鸡翅木客厅多用柜
· 规格：116cm × 56cm × 120cm
· 最新市场参考价：7000 ～ 9000 元 / 个

红木知识

6.5. 香枝木与紫檀木谁为第一

香枝木和紫檀木这两种木材到底哪种为第一，公说公有理，婆说婆有理。人们通常把真紫檀木称为紫檀，中文学名为檀香紫檀。俗称：小叶紫檀、大叶紫檀。檀香紫檀是红木中的贵族之一，用紫檀木制作的家具是高档的红木家具之一。紫檀木和香枝木皆是红木中的极品。香枝木市场上俗称黄花梨，学名为降香黄檀。香枝木的髓芯木死细胞要30年才起心，一百年以上才能采伐做家具，极其珍贵。

近十年来中国古典家具拍卖行拍卖的香枝木家具的价格要遥遥领先于紫檀木家具的价格。同木质水平的原木价格，香枝木比紫檀木高三至十五倍多。现在市场上销售的这两类家具，同类同水平的香枝木家具价格一般要比紫檀木家具价格高二到十倍。中国海南香枝木，现在只能买到几十年、几百年前用在家具和房上零星的陈木旧板，而且数量十分稀少。市场俗称的黄花梨家具，据考证，产生的黄金时代是清前期到乾隆的一百年间。现在市场上大量的香枝木家具百分之九十九来自越南北部和南部的越南香枝木。2009年起，越南香枝木也十分难觅难买，数量越来越少，也开始主要到农村农家收旧家具和旧房子上拆下来的陈料和旧料，很难再买到做大型家具的新材香枝木。紫檀木产地主要在印度南部的迈索尔邦，产地离中国更远，人们通常的观念是远香近臭，所以在部分人心目中，紫檀木更珍贵更值钱。这种看法是片面的。木材的珍稀、名贵、高档的要素，无外乎颜色、纹路、密度、韧性这四个方面，其中多数人比较注重纹路美，紫檀木没有明显纹路，香枝木恰恰相反，有颇多的鲜艳而漂亮的纹路，光从这一点说紫檀木就远远赶不上香枝木。紫檀木肯定是珍贵高档红木之一，但紫檀木很碎很烂，弯曲多，空裂多，短小料多，无法找到一块大一点儿和完整的面板。紫檀木的家具只是因为它的颜色

· 名称：现代红酸枝木卧房多用柜
· 规格：106cm × 56cm × 83cm
· 最新市场参考价：20000 ~ 25000 元 / 个

· 名称：现代红酸枝木卧室多用柜
· 规格：220cm × 60cm × 320cm
· 最新市场参考价：140000 ~ 150000 元 / 组

· 名称：现代红酸枝木五斗多用柜
· 规格：136cm × 56cm × 120cm
· 最新市场参考价：20000 ~ 25000 元 / 个

· 名称：现代花梨木客厅多用柜
· 规格：108cm × 48cm × 120cm
· 最新市场参考价：10000 ~ 13000 元 / 个

红木知识

很深，很难见到它的拼接缝，实际上每一件紫檀木家具都是碎木拼接家具，可以说是补丁上加补丁，接得多拼得也多。紫檀木色褐红或褐黑较深，纹路少而不清晰不明显，有混浊感，尤其是老家具更是一团褐黑，无法看到像香枝木那样多姿多彩的美丽纹路。香枝木木质韧性好，色彩较多又诱人，有浅白黄、褐黄、褐红和褐黑四种，纹路极漂亮，有的如行云流水，有的如诗如画。常见的有虎皮纹、鬼脸纹、水波纹、山形纹、故事纹，真可谓每一片木板就可讲一个故事。喜欢香枝木的人都认为香枝木是天下第一木。这种说法也并非没有道理，在近几年中国拍卖的古典家具中，榜首非香枝木莫属。如2004年11月22日北京翰海拍卖成交的清初黄花梨雕云龙纹四件柜，估价1200万元，成交价1100万元。2002年11月3日在中国嘉德拍卖成交的清初黄花梨雕云龙纹四件柜，估价450万~550万元，成交价高达943.8万元。然而2004年11月6日在中国嘉德拍卖的清乾隆紫檀木福庆有余四件柜，估价300万~500万元，最后成交仅为539万元。相比之下紫檀木只是香枝木价格的一半左右。因此，香枝木第一，应该是无可厚非的。

○ 酒柜

酒柜就是放置酒水类的柜。放置于客厅或餐厅，多制作成下柜上格。柜有门，上格无门，大多装玻璃。现代酒柜形体较大，除装酒外还起到客厅和餐厅的装饰作用。

- 名称：现代红酸枝木酒柜
- 规格：198cm × 46cm × 203cm
- 最新市场参考价：90000 ~ 115000 元 / 个

· 名称：现代黑酸枝木酒柜
· 最新市场参考价：70000 ~ 80000 元 / 对

· 名称：现代红酸枝木酒柜
· 最新市场参考价：70000 ~ 80000 元 / 个

红木知识

6.6. 《红木》国家标准应该严格执行

因为红木家具市场比较混乱，国家才制定出《红木》国家标准，然而《红木》国家标准出台后，广东也仿效颁布了一个深色硬木方面的所谓标准，主要目的是为非洲、东南亚、南美的非红木和亚红木正名，引起了业内的广泛争议。普遍认为，混淆了《红木》国家标准，影响了《红木》国家标准的认真执行，没有严肃性，把人们的红木标准意识搞乱了，严重扰乱了红木家具市场，消极作用盖过积极作用。既然有了《红木》国家标准，就得不折不扣地严肃执行，完全没有必要再搞出一个地方标准来扰乱市场。《红木》国家标准，是一个点，一条线，就是一个标准。比如说，《红木》国家标准规定，鸡翅木类木材含水率12%时，气干密度大于0.80g / cm^3才算鸡翅木。如果不按此标准，那么气干密度在0.79g / cm^3的鸡翅木差不了多少，算不算呢？算了0.79g / cm^3的鸡翅木，那么0.78g / cm^3的鸡翅木又与0.79g / cm^3的差不多，又算不算呢？《红木》国家标准规定的这个0.80g / cm^3就是一个点，就是一条线，就是一个标准，执行这个标准，红木家具市场才有可能健康发展。

○ 衣柜

现代衣柜与古典顶竖柜相比，功能有很大变化，它主要以挂放衣服为主。从款式可分为欧式和中式；从制作可分为豪华型和简洁型。现代衣柜一般制作为四门，高约220厘米，宽约200厘米，厚约60厘米。柜内分别设计有抽屉、挂衣棍。衣柜结构为三段，即底座、中柜和柜帽。中柜四根边角枋和前中间两根枋用大枋，门用整板制作。中柜后面和侧面，用小枋和薄板做成龙凤榫装拼。

· 名称：现代红酸枝木衣柜
· 规格：108cm × 60cm × 216cm
· 最新市场参考价：90000 ~ 100000 元 / 对

· 名称：现代鸡翅木衣柜
· 规格：108cm × 60cm × 216cm
· 最新市场参考价：15000 ～ 20000 元 / 个

· 名称：现代花梨木衣柜
· 规格：108cm × 60cm × 216cm
· 最新市场参考价：40000 ～ 50000 元 / 个

· 名称：现代花梨木衣柜
· 规格：108cm × 60cm × 216cm
· 最新市场参考价：40000 ～ 50000 元 / 个

○ 床头柜

现代床头柜是同大床配套制作和配套使用的，是卧室主要家具之一。它主要用来放置台灯、小物品和书写之用。多数有一抽屉一橱柜，其形状、风格、纹饰和用材同大床一致，一般是一张大床配两个床头柜。

· 名称：现代红酸枝木床头柜
· 规格：55cm × 45cm × 65cm
· 最新市场参考价：9000 ~ 12000 元 / 个

红木知识

6.7. 巴里黄檀与奥氏黄檀

目前，在红酸枝木类木材中，巴里黄檀和奥氏黄檀是市场上流通、使用量相对比较多的树种。在红木家具市场中，由于这两种木材都比较相近，红木家具业内的经营者和市场消费者都很难区分，导致了市场上巴里黄檀和奥氏黄檀树种的标识较为混乱。实际上认真比较，这两个树种不管是木质、木色、纹理还是价格均有区别。巴里黄檀的木质更好，价格高过奥氏黄檀近一倍。

巴里黄檀：在《红木》国家标准中归为红酸枝木类，主产于柬埔寨、老挝等地，红木业内有“紫酸枝”、“花酸枝”之俗称。

奥氏黄檀：在《红木》国家标准中也归为红酸枝木类，主产于缅甸和老挝，红木业内有“黄酸枝”、“白酸枝”之俗称。

巴里黄檀芯边材区别明显，边材色浅，芯材新切面红褐色至紫褐色，常带深浅相间的黑褐或栗褐色条纹。生长轮不明

· 名称：现代花梨木床头柜
· 规格：55cm × 45cm × 65cm
· 最新市场参考价：3000 ~ 3500 元 / 个

· 名称：现代红酸枝木床头柜
· 规格：55cm × 45cm × 65cm
· 最新市场参考价：8000 ～ 12000 元 / 个

· 名称：现代红酸枝木床头柜
· 规格：55cm × 45cm × 65cm
· 最新市场参考价：8000 ～ 12000 元 / 个

显或略明显，管孔肉眼下略明显至明显，木射线在放大镜下明显，波痕放大镜下可见，有酸香气味。属散孔材，木材含水率12%时，气干密度为1.07~1.12g/cm^3，具光泽，强度高，硬度大，耐腐蚀性强，抗虫性强，结构细，略均匀，纹理交错。

奥氏黄檀，芯边材区别明显，边材色浅，黄白色，心材新切面浅黄至黄红色，少量带明显的浅黑色条纹。生长轮明显或略明显。管孔肉眼下可见至明显，波痕放大镜下明显。木刨花或木屑用酒精泡后浸出液呈红褐色。新切面或水浸湿木材有酸香味。属散孔材，木纤维壁较厚，木材含水率12%时，气干密度为0.86g/cm^{3}以上，具光泽，强度高，硬度大，耐腐蚀性强，抗虫性强，结构细，略均匀，纹理直或交错。

· 名称：现代红酸枝木床头柜
· 规格：55cm × 45cm × 65cm
· 最新市场参考价：8000 ～ 12000 元 / 个

参考文献

1. 吕济民主编《中国传世文物收藏鉴赏全书》，线装书局出版。

2. 胡德生主编《明清家具鉴藏》，山西教育出版社出版。

3. 部分选用福建连天红红木家具图片。

4. 部分选用福建文锦古典家具图片。

5. 部分选用福建三福红木家具图片。

6. 部分选用广东伍氏兴隆明式家具图片。

7. 部分选用广东宏达“一品居”红木家具图片。

8. 嘉木编著《中式家具图谱》，湖南美术出版社出版。

图书在版编目（CIP）数据

中国国标红木家具鉴赏 / 杨文广编著. -- 昆明 : 云南美术出版社, 2012.11
ISBN 978-7-5489-0981-1

Ⅰ. ①中… Ⅱ. ①杨… Ⅲ. ①红木科－木家具－鉴赏－中国 Ⅳ. ①TS666.2

中国版本图书馆CIP数据核字(2012)第258856号

责任编辑：张文璞 赵 婧
装帧设计：凤 涛
校 对：胡国泉

中国国标红木家具鉴赏

杨文广 编著

出版发行：云南出版集团公司 云南美术出版社
制 版：昆明凡影(原雅昌)图文艺术有限公司
印 刷：昆明富新春彩色印务有限公司
开 本：787mm×1092mm 1/16
印 张：13.75
版 次：2015年1月第2版
印 次：2015年1月第1次印刷
印 数：1~1 000
ISBN 978-7-5489-0981-1
定 价：159.00元